国家职业教育技能实训系列教材（项目式教学）

小型数控铣床编程与加工

主　编　苑士学　张　迎
副主编　苏　斌　朱德君
参　编　闫金龙　马升跃　周顺汲　齐玉石
主　审　吴联兴　何其行

U0235764

机械工业出版社

本书内容包括小型（教学型）数控铣床的操作与编程、外轮廓零件加工、内轮廓零件加工、数控铣床简化编程指令应用、孔系加工、宏指令编程和综合铣削、自动编程与仿真加工七部分，涵盖了国家职业标准数控铣中、高级工的相关内容。本书所选择的教学课件全部来源于一线教师的教案和学生在实训及参加数控技能大赛中发挥自主创新精神所取得的实践经验总结。因此，本书具有内容丰富、新颖的特点，对教师教学和学生实训都极具指导性和实用性。

本书适合做按任务引领型课程体系授课的数控应用技术专业中、高级工教材，也适合做再就业工程的数控机床操作工岗位培训教材。

图书在版编目（CIP）数据

小型数控铣床编程与加工/苑士学，张迎主编 .—北京：机械工业出版社，2013.8

国家职业教育技能实训系列教材（项目式教学）

ISBN 978-7-111-43652-2

Ⅰ.①小…　Ⅱ.①苑…②张…　Ⅲ.①数控机床－铣床－程序设计－职业教育－教材②数控机床－铣床－加工工艺－职业教育－教材　Ⅳ.①TG547

中国版本图书馆 CIP 数据核字（2013）第 186098 号

机械工业出版社（北京市百万庄大街 22 号　邮政编码 100037）
策划编辑：齐志刚　责任编辑：齐志刚　王海霞
版式设计：霍永明　责任校对：张　媛
责任印制：乔　宇
北京机工印刷厂印刷（三河市南杨庄国丰装订厂装订）
2013 年 9 月第 1 版第 1 次印刷
184mm×260mm·12.5 印张·307 千字
0 001—3 000 册
标准书号：ISBN 978-7-111-43652-2
定价：29.00 元

凡购本书，如有缺页、倒页、脱页，由本社发行部调换
电话服务　　　　　　　　　网络服务
社 服 务 中 心:(010)88361066　教 材 网:http://www.cmpedu.com
销 售 一 部:(010)68326294　机工官网:http://www.cmpbook.com
销 售 二 部:(010)88379649　机工官博:http://weibo.com/cmp1952
读者购书热线:(010)88379203　**封面无防伪标均为盗版**

前　言

数控技术是综合应用计算机、自动控制、自动检测及精密机械等高新技术的产物。目前，随着国内数控机床用量的剧增，急需培养一大批能够熟练掌握现代数控机床编程、操作和维护技能的应用型技术人才。为适应我国职业教育的发展，实现职业教育课程模式和培养模式的根本性转变，根据人力资源和社会保障部国家职业标准，在广泛调研和实践的基础上，组织一线教师和行业专家共同编写了本书，其较一般教材有更强的实用性和针对性。

我国职业教育数控专业教学大多以大型生产型数控机床作为实训设备。经过十余年的教学实践，一方面证明了大型设备在职业教育中的重要作用，另一方面也带来了投资大、占地多、后续消耗大、实训工位不足、师资力量占用多、人机安全事故频发等问题，影响了学生的实训课时和实训效果。近年来，许多院校调整了装备结构，开始补充"教学实训"这一环节，将小型数控教学机床作为数控实训装备，大大增加了学生的实训课时和动手机会，为进入以大型数控机床为主要实训设备的"生产实训"环节打下了基础。实践证明，这样的教学实训链是科学合理的，学生的学习兴趣高、进入状态快，从根本上改变了学生被动学习的局面，收到了极好的教学效果。针对越来越多的院校装备小型数控实训室形势的需要，编写了《小型数控铣床编程与加工》，以满足数控专业教学所需。

本书以天津三英新技术发展股份有限公司开发的 SV 和 SF 系列数控教学铣床及其所采用的华中世纪星和三英双子星数控系统为实训设备，同时也兼顾了通用数控铣床编程，加工、维护、刀夹具等方面的知识，涵盖了国家职业标准数控铣中、高级工的相关内容，以满足不同小型数控铣床设备的教学需求。

本书按照任务引领型课程特征编写，体现以下特色：

1）任务引领。以工作任务引领知识、技能和态度，让学生在完成工作任务的过程中学习相关知识，发展学生的综合职业能力。

2）结果驱动。将关注焦点放在通过完成工作任务所获得的成果上，以激发学生的积极性。通过完成典型产品或服务，来获得某工作任务所需要的综合职业能力。

3）突出能力。课程定位与目标、课程内容与要求、教学过程与评价等都要突出职业能力的培养，体现职业教育课程的本质特征。

4）内容实用。紧紧围绕工作任务的需要来选择课程内容，不强调知识的系统性，而注重内容的实用性和针对性。

5）学做合一。打破长期以来理论与实践分离的局面，以工作任务为中心，实现理论与实践的一体化教学。

本书由苑士学、张迎任主编，苏斌、朱德君任副主编，闫金龙、马升跃、周顺汲、齐玉石参加了编写。其中，单元一由朱德君、张迎编写；单元二由闫金龙编写；单元三由苑士学、马升跃编写；单元四由周顺汲编写，单元五和单元七由苑士学、苏斌编写；单元六由齐玉石编写；由苑士学进行统稿。本书由天津冶金职业技术学院吴联兴和天津市三英新技术发展股份有限公司何其行担任主审。

本书在编写过程中参考了一些相关书稿和资料，在此向书稿作者表示感谢。

由于编者的水平所限，书中难免有疏漏和不妥之处，恳请广大读者和专家批评指正。

编　者

目　　录

单元一　小型数控铣床的操作与编程

任务一　数控铣床的安全操作及维护

一、学习目标

1）掌握数控铣床的安全操作规程。

2）掌握数控铣床日常操作的安全注意事项。

3）了解数控铣削加工的常用方法和注意事项。

4）了解数控铣床的安全装置及其作用。

5）能够对数控铣床进行维护与保养。

6）能够对数控铣床可能出现的故障进行分析与排除。

二、任务分析

本课程主要介绍数控铣床工作过程中，操作者需要注意的安全操作规程及铣床的维护保养知识，以保障数控加工过程中操作者及设备的安全，避免事故的发生。

三、相关理论

数控铣床是一种自动化程度高、结构复杂、价格较高的加工设备，与普通铣床相比，它具有加工精度高、加工灵活、通用性强、生产率高、质量稳定等优点，特别适合加工多品种、小批量、形状复杂的零件，在企业生产中占有重要的地位。

数控铣床操作者除了应掌握数控铣床的性能外，还要管好、用好和维护好数控铣床，养成文明生产的工作习惯和严谨的工作作风，具有良好的职业素质和责任心，重视数控铣床操作的注意事项，严格遵守数控铣床安全操作规程，做到安全生产、文明生产。

1. 数控铣床安全操作规程

1）数控系统的编程、操作和维修人员必须经过专门的技术培训，熟悉所用数控铣床的使用环境、条件和工作参数等，严格按机床和系统使用说明书的要求正确、合理地操作机床。

2）数控铣床的使用环境要避免光的直接照射和其他热辐射，避免在过于潮湿或粉尘过多的场所中使用，特别要避免在有腐蚀性气体的场所中使用。

3）为避免因电压不稳定给电子元件造成损坏，数控铣床应采用专线供电或增设稳压装置。

4）数控铣床的开机和关机一定要按照机床说明书的规定操作。

5）主轴起动开始切削之前一定要关好防护罩门，程序正常运行中严禁开启防护罩门。

6）每次电源接通后，必须先完成各轴的返回参考点操作，然后进入其他运行方式，以确保各轴坐标的正确性。

7）机床正常运行时，不允许打开电气柜门。

8）加工程序必须经过严格检验方可进行操作运行。

9）加工过程中，如出现异常和危急情况可按下急停按钮，以确保人身和设备的安全。

10）机床发生事故时，操作者要注意保留现场，并向维修人员如实说明事故发生前后的情况，以利于分析问题，查找事故原因。

11）数控铣床的使用一定要有专人负责，严禁其他人员随意使用数控设备。

12）要认真填写数控机床的工作日志，做好交接工作，消除事故隐患。

13）不得随意更改数控系统内部由制造厂设定的参数，并及时做好备份。

14）要经常润滑机床导轨，以防止导轨生锈，并做好机床的清洁保养工作。

15）操作人员如有喝过酒精类饮料或精神状态不佳的，应禁止操作机床。

2. 数控铣床日常操作的安全注意事项

尽管数控铣床上设计有多种安全装置，用以防止意外事故可能造成的对铣床操作者及铣床本身的危害，操作者仍应注意下列事项，切不可过分依赖安全装置。

（1）操作前的注意事项

1）机床通电前，必须检查刀具夹头和刀具是否锁紧。

2）检查机床的运动部件是否有足够的润滑油。

3）检查主轴速度旋钮是否在恰当的位置。

4）检查夹具上的工件坯料是否夹持紧固。

5）检查机床周围的杂物是否清理干净。

（2）数控铣床的预热　数控铣床正式工作前应进行预热，如数控铣床长时间未使用，可先用手动方式通过油泵向各润滑点供油。

1）运转时间为 10~20min，冬季可适当延长。

2）主轴转速为 500~1200r/min。

3）主轴、工作台等运动部件都应工作，尽可能以较大速度运动，但不要使用100% G00速度。

（3）操作中的注意事项

1）禁止戴手套或领带操作机床，以免造成人身伤害。

2）只有在机床停转或暂停的情况下，才可以更换刀具和装夹工件。

3）为避免机床发生不正常振动，应随时注意下列情况：

①　正确选择和安装刀具，特别要注意刀具、刀柄的长度不能过长。

②　正确选择主轴速度和 X、Y、Z 轴的进给量。

③　编程尺寸不能超过机床的设计范围。

④　正确使用夹具，经常检查被夹工件是否夹紧。

（4）操作结束后的注意事项

1）完成工作后应切断电源。

2）做好机床和环境的清洁工作。

3）对机床外露部分加注机械油，以免机床表面生锈，影响下一次使用。

4）如果发现机床在当日的操作中有问题，应及时向带班教师报告。

3. 数控铣削加工的常用方法和注意事项

（1）钻削和铣削加工

1）根据所要加工的工件选择合适的刀具，将其安装到主轴卡头上并装夹牢固。

2）用压板和夹具将工件安装到铣床工作台上并装夹牢固。

3）用 CNC 功能中的手动方式将主轴头和工作台移到 XYZ 坐标系里的适当位置。

4）选择适当的主轴转速。一般情况下，为了使主轴转速与编成转速相对应，生产厂已将主轴转速调到 H 挡——高速挡上；只有在有特殊要求的场合中，才选择 L 挡——低速挡。注意：主轴旋转时，不要使用高、低速度变换挡。

5）机床开始加工后，注意观察加工过程，如果发现有异常噪声或撞刀等情况，应立即按下急停按钮以避免事故发生，检查出现问题的原因并加以排除，然后开动机床继续加工。

6）除了需要更换刀具或清扫过多的切屑，如无特殊情况，加工过程中不要打开防护罩门。

7）加工结束后，方可将夹具松开并取出加工完的工件。

8）加工实习全部结束后，关掉机床总电源，将机床清扫干净。

（2）平面铣削加工　平面铣削加工的注意事项与钻削和铣削加工的要求基本相同，其区别有以下几点：

1）由于所用数控铣床属于小型设备，因此所选择平面铣刀的刀体直径不应超过 20mm。

2）可以采用主轴转速高而进给速度低的方法进行加工。

3）背吃刀量要小。

（3）主轴速度的选择　操作机床之前，不论是手动操作还是编制程序，都要预先选择合适的主轴转速（100～2000r/min）。对大多数零件加工来讲，要考虑工件加工面的尺寸和坯料的材质：对软一些材质的铣削或小孔径的钻削，一般选用高一些的转速；对硬质材料的铣削及较大孔径的钻削，一般选用低一些的转速。对于表面粗糙度值要求较小的工件，可以选用高一些的转速。

注意：根据实际经验，加工木质材料时，钻孔时则不能采用高转速，因为高转速可能引起木质材料的燃烧，因此，转速一般不要超过 1500r/min。

（4）行程轴进给速度的选择　由于 SV-08M 属于小型机床，行程轴的行程很短，建议所用进给速度不要超过 800mm/min。

一般来说，铣削加工时 G01 的进给速度可以根据工件材质、切削深度和切槽宽度等在 10～200mm/min 之间选择；对于 G02、G03 和拐角加工，可以在 10～100mm/min 之间选择。

注意：进给速度的选择是一个专业性和经验性都很强的工作，只有在加工中不断总结经验，才能加工出合格的工件成品。

4. 数控铣床的安全装置

（1）防护罩门　防止切屑、切削液及工件等飞出，保护操作者的安全。在自动运转状态下，不要打开此门。

（2）急停按钮　安装在机床操作面板上，用于在紧急情况下迅速中断机床工作。

（3）报警灯　安装在机床操作面板上，当由于过滤器堵塞，润滑系统供油压力变低时，报警灯亮。

（4）X、Y、Z 轴行程极限开关　安装在滑板上，防止 X、Y、Z 轴滑板超程。

（5）X、Y、Z 轴行程保护（NC 软件）　其参数设定在 NC 系统内，用以防止滑板超程。

5. 数控铣床的维护与保养

（1）日常维护与保养

1）注意检查机床上的每个运转部分，确保润滑条件良好。

2）注意检查机床上的每个固定组件，确保没有异常情况。

3）注意清洁和去除机器上以及周围的障碍物和切屑，以防止其损坏机床和影响机床安全运转。

4）每日用完机床后，应保持机床清洁，对运动部件加注润滑油以防止生锈。

5）如果有异常状况发生，应立即停止机床操作并及时进行维修。

（2）季节性或季度性维护与保养

1）使用干净的棉纱清洁机床上的各个部件。

2）检查机床主轴运转是否平稳、摆动是否过大。

3）检查固定部件是否松动。

4）检查每一个螺栓和螺母是否松动。

5）检查总体电路（连接导线、插头、开关等），确保其处于正常状态。

6）履行维护保养的各项要求，并做好维护保养记录。

7）为避免危险发生，每次保养或更换零部件前都要关掉机床电源。

8）维护和修理要按规则进行，有异常情况发生时，应立即关闭机床并及时维修。

9）如果异常情况超出了定期维修保养的范围，应与厂家联系，以避免机床的进一步损坏和危害人身安全。

（3）数控铣床机械的保养润滑　为了保证加工精度，避免机械磨损，机械摩擦表面必须经常注油。结束当天的加工任务后，应用油壶对机械摩擦表面和工作台丝杠加注少许润滑油，如图1-1所示（图中"Q"表示注油部位）。

（4）刀具的维护与保养

1）用布片包着刀具进行装刀或卸刀操作，以防止刀具滑落或刀片断裂伤及手指。

2）刀具不使用时要放到木头盒或塑料盒里；为保持切削刃锋利，刀具最好隔开存放。

3）对刀具加工时的旋转方向应予以特别注意，错误的旋转方向可能造成刀具钝化、断裂并加速刀具的老化。如果在高速旋转的情况下很难辨别旋转的方向，可将机床关掉，在减速或低速的情况下辨别旋转方向。

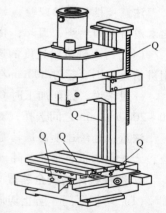

图1-1　小型数控铣床注油部位

4）开动机床进行加工之前，用手动或MDI功能将刀具和工件（或夹具）置于合适的位置，以缩短刀具加工路径或避免加工超程。

5）保持刀具的锋利，不锋利的刀具不仅很难达到加工效果，而且容易损坏。

6. 数控铣床故障的分析与排除

数控铣床在工作一段时间后，有可能出现某方面的故障，操作者应能够对故障进行合理分析及处理，以保证正常生产。SV-08M数控铣床在使用一段时间后可能出现的故障及排除办法见表1-1。

表 1-1　SV-08M 数控铣床故障分析与排除方法

故障现象	可能原因	排除方法
上电后电动机不工作	电源未接通 电压低 电动机断路或连接部分松动 电动机电刷损坏	检查电源是否接通 检查电源电压是否正确 检查电动机的所有接头是否松开或断开 更换电动机电刷
熔丝或断路器断开	电线或插头短路 线路板短路 电源的熔丝或断路器不正确	检查电线和插头是否有绝缘部分损坏或缺失的情况，并用延长线代替 检查电动机的所有连接点是否松动或存在虚焊或绝缘情况，并及时更换 安装正确的熔丝或断路器
电动机过热	电动机超负荷 电动机的空气循环受限制	降低电动机的负荷 清理电动机，保证空气循环的畅通
在没有切削的情况下，工作台移动不灵活	工作台面下塞铁调节得不合适 X 或 Y 轴轨道上有切屑 X 或 Y 轴轨道上缺少润滑油	调节工作台面下的塞铁 清理 X 或 Y 轴轨道 给 X 或 Y 轴轨道上润滑油
机器持续发出噪声	某个齿轮副没有啮合好 齿轮或轴承损坏 机械转动部分缺油	调整齿轮，使其啮合良好 更换损坏的齿轮或轴承 对相应部位加注润滑油
操作时机床突然停下来	钻、铣过深 钻、铣操作时使用了错误的转速或进给速度 铣刀损坏 电动机或电动机电刷损坏 齿轮损坏	减少钻、铣深度 参考说明书的要求，选用正确的速度 更换铣刀 更换电刷或电动机 更换齿轮
加工表面质量差	转速或进给速度不合适 铣刀损坏了或选错 夹具或夹头松动	选择正确的转速或进给速度 更换铣刀 拧紧夹具或夹头
铣头部分在导轨上移动困难	导轨或 Z 轴丝杠干燥，缺润滑油 Z 轴导轨塞铁过紧 导轨上有碎屑	上润滑油 调整塞铁调节螺钉 清理导轨
主轴夹不紧铣刀	铣刀选错 主轴连接面有损伤	更换铣刀 检查主轴连接面并进行修复
T 形螺母难以固定	T 形螺母不合适 工作台面的 T 形槽内有切屑	更换 T 形螺母 清理工作台 T 形槽

注意： 任何手动维修操作都必须在电源关闭、电动机停止转动以后进行。

四、综合练习

1. 简述数控铣床安全操作规程。
2. 简述数控铣床日常安全操作注意事项。
3. 简述数控铣床日常维护与保养内容。
4. 数控铣床在加工过程中突然停了下来，试进行故障分析并提出解决措施。

任务二　小型数控铣床及其操作面板

一、学习目标

1）明确小型数控铣床的基本结构。
2）明确小型数控铣床的常用数控系统。
3）掌握小型数控铣床操作面板上各按钮及按键的含义与用途。

二、任务分析

掌握 SV-08M 小型数控铣床操作面板上各按钮和软键的功能。

三、相关理论

1. 小型数控铣床的分类

本书主要介绍由天津三英新技术发展股份有限公司开发的 S 系列小型数控铣床。该系列数控铣床按所配置控制终端的不同共分为三大类。

（1）SV-08M 数控铣床　采用华中世纪星 HNC-18xpM/19xpM 数控装置，如图 1-2 所示。

（2）SF-M 数控铣床　采用三英双子星数控系统，如图 1-3 所示。

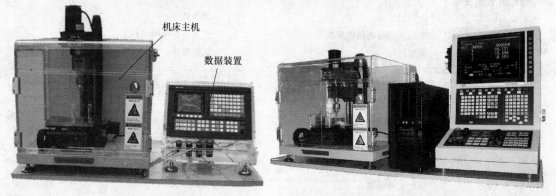

图 1-2　SV-08M 数控铣床　　　　　　　　图 1-3　SF-M 数控铣床

（3）SA-08M 控制系统　具有 FANUC/ SIEMENS/FAGOR 编程与模拟操作仿真面板，如图 1-4 所示。

2. SV-08M 小型数控铣床的结构

SV-08M 小型数控铣床由机床主机和数控装置两部分组成，如图 1-2 所示。

图1-4　SA-08M数控铣床

SV-08M小型数控铣床的基本结构如图1-5所示。

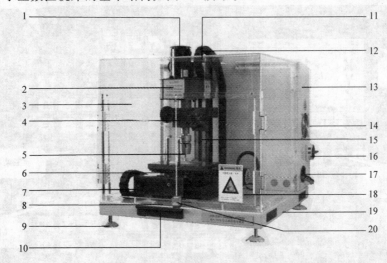

图1-5　SV-08M小型数控铣床的基本结构

1—主轴电动机　2—主轴齿轮箱　3—高透明度罩壳　4—主轴头　5—钻铣夹头　6—工作台单元
7—Y轴电动机单元　8—漏屑孔　9—底盘支脚　10—接屑盘　11—Z轴电动机单元　12—线缆拖链
13—电气柜　14—排风扇　15—铣床立柱单元　16—主电源开关　17—过线孔
18—X轴电动机单元　19—金属底盘　20—安全门开关

3. 小型数控铣床的控制系统

（1）SV-08M数控铣床控制系统　华中世纪星 HNC-18xpM/19xpM 是武汉华中数控股份有限公司针对我国国情自主开发的新一代高性能经济型数控装置，它通过工业 PC 硬件平台＋软件完成全部 NC 功能，控制电路采用高速微处理器，超大规模集成电路芯片显示器采用高分辨率液晶屏，内置式 PLC，具有开放性好、结构紧凑、集成度高、操作和维护方便等特点。

（2）SF-M数控铣床控制系统　三英双子星数控系统是天津三英新技术发展股份有限公司针对我国国情自主开发的新一代高性能经济型数控装置，它采用工控机 PC 硬件平台＋工业方式的控制面板，采用高速微处理器的控制电路和超大规模集成电路芯片，显示器采用高分辨率液晶屏，具有集成度高、结构紧凑、操作和维护方便等特点。

（3）SA-08M数控铣床控制系统　SA-08M计算机直控台式数控教学铣床是三英公司和

西班牙 ALECOP 公司两大教学设备技术合作项目产品之一。

控制 SA-08M 数控铣床的 WinControl-CNC 软件具有目前国际上知名的西班牙 FAGOR、日本 FANUC 和德国 SIEMENS 的 CNC 系统编程与模拟操作仿真面板，使学生得以学习这三大系统的编程特点、工艺要求和操作方式。另外，该软件还提供了 SANYING 教学模拟仿真软件，使学生对国产 CNC 系统的编程与操作也有所了解和学习。

四、操作实践

本操作实践以华中 HNC-18xpM/19xpM 数控系统为主介绍其操作面板上的按键及其功能，如图 1-6 所示。

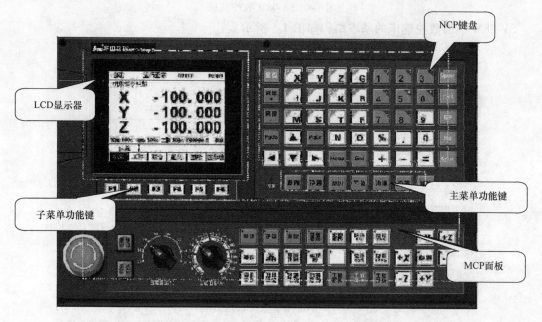

图 1-6 华中 HNC-18xpM/19xpM 数控系统操作面板

HNC-18xpM/19xpM 操作面板可分为机床操作面板（MCP 面板）、NCP 键盘、主菜单功能键（七个）、子菜单功能键（F1～F6）和 LCD 显示器五部分。

1. MCP 面板

华中世纪星 HNC-18xpM/19xpM 的机床操作面板如图 1-7 所示。

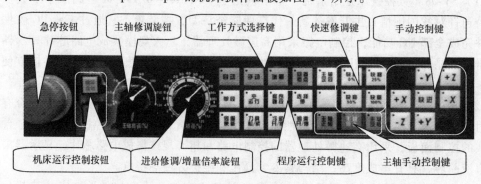

图 1-7 机床操作面板

（1）工作方式选择键　数控系统通过工作方式选择键，对操作机床的动作进行控制，在选定的工作方式下，只能进行相应的操作。例如，在手动工作方式下，只能做手动移动机床各轴、手动换刀等动作，不能做连续自动加工等动作。

1）自动。连续自动加工工件，模拟校验加工程序，在 MDI 模式下运行指令。

2）手动。手动换刀、移动机床各轴，手动松紧卡爪，手动控制主轴正、反转等。

3）增量。可用于步进和手摇，默认为步进方式，再次按下此键，工作方式置为手摇。可用于定量移动机床坐标轴，移动距离由倍率调整。例如，当倍率为"×1"时，定量移动距离为 1μm。此功能可控制机床精确定位，但不连续。

4）单段。按下循环启动按钮，程序走一个程序段就停下来，再按下循环启动按钮，可控制程序再走一个程序段。

5）回参考点。可手动返回参考点，建立机床坐标系（机床开机后应首先进行回参考点操作）。

（2）机床操作键

1）循环启动按钮。在自动和单段工作方式下有效。按下该按钮后，机床可进行自动加工或模拟加工（注意：自动加工前应正确对刀）。

2）进给保持按钮。加工过程中按下该按钮后，刀具相对于工件的进给运动停止；再次按下循环启动按钮后，继续运行下面的进给运动。

3）主轴正转键。手动/手摇/单步方式下按下此键，主轴电动机以机床参数设定的速度正向转动；在反转过程中该键无效。

4）主轴反转键。手动/手摇/单步方式下按下此键，主轴电动机以机床参数设定的速度反向转动；在正转过程中该键无效。

5）主轴停止键。手动/手摇/单步方式下按下此键，主轴停止转动；机床正在作进给运动时该键无效。

6）程序跳段键。如程序中使用了跳段符号"/"，按下该键后，程序跳过跳段符号标定的程序段，即不执行该段程序；解除该键，则跳段功能无效。

7）刀具松/紧键。用于控制刀具装夹状态。

8）伺服使能键。用于控制伺服系统是否有效。

9）选择停键。如果程序中使用了 M01 辅助指令，按下该键后，程序运行到该指令处即停止，再按下循环启动按钮，程序继续运行；解除该键，则 M01 功能无效。

10）空运行键。在自动方式下按下该键后，机床以系统最大快移速度运行程序。

11）冷却开/停键。手动/手摇/单步方式下按下此键，打开冷却开关，同带自锁的按钮，进行开→关→开切换（默认为关）。

12）润滑开/停键。手动/手摇/单步方式下按下此键，打开润滑开关，进行开→关→开切换键（默认为关）。

13）+X、+Y、+Z、−X、−Y、−Z 键。手动、增量和回参考点工作方式下有效，用于确定机床移动的轴和方向。通过该键可手动控制刀具或工作台移动，移动速度由系统最大加工速度和快速修调键确定。

14）快进键。同时按下轴方向键和快进键时，以系统设定的最大移动速度移动。

2. NCP 键盘

NCP 键盘上有 45 个键，包括标准化的字母、数字键、编辑操作键和亮度调节键，如图 1-8 所示。其中大部分键具有上挡键功能，当 < Upper > 键有效时（指示灯亮），有效的是上挡键功能。NCP 键盘用于零件程序的编制、参数输入、MDI 及系统管理操作等，键盘上部分键的功能见表 1-2。

图 1-8   NCP 键盘

表 1-2   NCP 键盘上部分键的功能

序号	图 标	功能
1	复位	使所有轴停止运动，所有辅助功能输出无效，机床停止运动，系统呈初始上电状态，清除系统报警信息，加工程序复位
2	亮度+ 亮度-	调解显示屏亮度
3	Upper	上挡键有效
4	Del	删除当前字符
5	SP	光标向后移并空一格
6	BS	光标向前移并删除前面的字符
7	PgDn PgUp	向后翻页或向前翻页
8	▲ ◄ ▼ ►	移动光标
9	Enter	确认当前操作

3. 主菜单功能键

主菜单功能键主要用于选择主功能的操作，如图 1-9 所示。

图 1-9　主菜单功能键

这里主要介绍 MDI 功能键。

（1）输入 MDI 指令　将工作方式设为自动或单段，按 [MDI] 键→输入程序段，如 G91

G01　X－21　Z－34　F400→按 [ENTER] 键→按 [循环启动] 按钮。

MDI 输入的最小单位是一个有效指令字。因此，输入一个 MDI 运行指令段有两种方法：

1）一次输入，即一次输入多个指令字。

2）多次输入，即每次输入一个指令字。

输入命令时，可在命令行看见所输入的内容，按 ENTER 键之前若发现输入错误，可用 Del、BS 键进行编辑。

例如，要输入"G00 X50 Z100"MDI 运行指令段，可以选用以下两种输入方法中的一种：

1）直接输入"G00 X50 Z100"并按 ENTER 键，屏幕上 G、X、Z 的值将分别变为 00、50、100。

2）先输入"G00"，按 ＜ENTER＞ 键确认，屏幕将显示大字符"G00"；再输入"X50"并按 ＜ENTER＞ 键确认，然后输入"Z100"并按 ＜ENTER＞ 键确认，屏幕依次显示大字符"X50"和"Z100"。

（2）运行 MDI 指令段　输入完一个 MDI 指令段后，按一下操作面板上的循环启动按钮，系统即开始运行所输入的 MDI 指令。如果输入的 MDI 指令信息不完整或存在语法错误，系统会提示相应的错误信息，此时不能运行 MDI 指令。

（3）修改某一字段值　运行 MDI 指令段前，如果要修改输入的某一指令字，可直接在命令行上输入相应的指令字符及数值。例如，在输入"X100"并按 ENTER 键后，希望将 X 值变为 109，可在命令行上输入"X109"并按 ENTER 键。

（4）清除当前输入的所有尺寸字数据　输入 MDI 数据后，按 F2 键可清除当前输入的所有尺寸字数据（其他指令字依然有效），显示窗口内 X、Z、I、K、R 等字符后面的数据将全部消失。此时，可重新输入新的数据。

（5）停止当前正在运行的 MDI 指令　当系统正在运行 MDI 指令时，按 F1 键可停止 MDI 指令段的运行。

4. 子菜单功能键

子菜单功能键位于液晶显示屏的下方，如图 1-10 所示。用户通过子菜单功能键

图 1-10　子菜单功能键

＜F1＞ ～ ＜F6＞，来选择系统相应主菜单下的子功能。系统菜单采用层次结构，按下一个主菜单键后，数控装置会显示该功能下的子操作界面，通过按下子菜单键来执行所显示的操

作。用户应根据操作需要及菜单的提示，操作相应的功能软键。

5. LCD 显示器

HNC-18xpM/19xpM 的软键操作界面如图 1-11 所示。

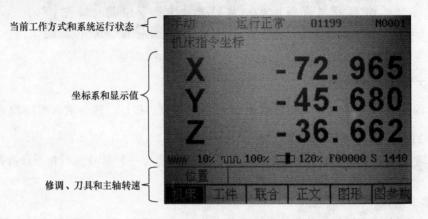

图 1-11　软键操作界面

（1）当前工作方式和系统运行状态

1）工作方式。系统的工作方式可通过机床操作面板上的相应按键，在自动、单段、手动、增量、回参考点、急停、复位等之间切换。

2）运行状态。包括运行正常、报警及提示三种运行状态。

3）运行程序索引。当前程序名和当前程序段行号。

（2）坐标系和显示值　坐标系可在机床坐标系、工件坐标系和相对坐标系之间切换；显示值可在指令位置、实际位置、剩余进给和补偿值之间切换。

（3）修调、刀具和主轴转速　显示进给修调、快速修调、主轴修调、当前刀的刀号及刀偏和主轴速度。

6. 任务评价

认识操作面板任务评价见表 1-3。

表 1-3　认识数控铣床操作面板任务评价表

班级		学号			姓名		
项目与权重	序号	要求	配分	评分标准		检测记录	得分
工件评分（100%）	1	能够介绍数控铣床所用数控系统的特点	20	回答不准确每处扣 3 分			
	2	能简述所用数控铣床的结构组成	20	回答不准确每处扣 3 分			
	3	标注机床面板上各键的功能	60	不正确每处扣 3 分			
程序与工艺	4	暂无					
机床操作	5	暂无					
文明生产	6	暂无					
总评分		100		总得分			

五、知识拓展

1. 数控技术的产生

美国帕森斯公司（Parsons Co.）与麻省理工学院（MIT）合作，于 1952 年研制出第一台三坐标数控铣床。1954 年底，美国本迪克斯公司（BendiX Co.）在帕森斯专利的基础上生产出了第一台工业用数控机床。此时，数控机床的控制系统（专用电子计算机）采用的是电子管，这是第一代数控系统。

1959 年晶体管出现，电子计算机开始应用晶体管元件和印制电路板，从而使机床数控系统跨入了第二代。1959 年，克耐·杜列克公司（K&T 公司，Keaney&Trecker Co.）在数控机床上设置了刀库，并通过机械手将刀具装在主轴上，这种可自动交换刀具的数控机床称为加工中心（MC，Machining center）。

20 世纪 60 年代出现了集成电路，数控系统发展到第三代。

以上三代数控系统都属于硬逻辑数控系统（称为 NC）。1967 年，英国 Mollin Co. 将 7 台机床通过 IBM 1360/140 计算机集中控制，组成了 Mollin24 系统。该系统首开柔性制造系统（FMS，Flexible Manufacturing System）的先河，能执行生产调度程序和数控程序。

随着计算机技术的发展，小型计算机被应用到数控机床中，由此组成的数控系统称为计算机数控（CNC）系统，数控系统进入第四代。20 世纪 70 年代初微处理机出现，美、英、德等国都迅速推出了以微处理机为核心的数控系统，这样组成的数控系统称为第五代数控系统（MNC，通称 CNC）。自此，开始了数控机床大发展的时代。

进入 20 世纪 80 年代，微处理机的升级更加迅速，从而极大地促进了数控机床向柔性制造单元（FMC，Flexible-Manufacturing Cell）和柔性制造系统（FMS）方向发展，并奠定了向规模更大、层次更高的生产自动化系统发展。

20 世纪 80 年代末期，又出现了以提高综合效益为目的，以人为主体，以计算机技术为支柱，综合应用信息、材料、能源、环境等高新技术以及现代系统管理技术，研究并改造传统制造过程，并将其作用于产品整个生命周期的技术——先进制造技术。

2. 数控系统的发展趋势

从 1952 年美国麻省理工学院研制出第一个试验性数控系统到现在，数控系统已走过了 50 多年的历史，今后其发展方向如下：

1）采用开放式体系结构。

2）控制性能将大大提高。

3）高速、高效、高精度、高可靠性。

4）模块化、专门化与个性化。

5）智能化、柔性化和集成化。

六、综合练习

简述小型数控铣床操作面板上各按钮及按键的含义与用途。

任务三　小型数控铣床的手动操作

一、学习目标

1）掌握小型数控铣床坐标系的确定方法。

2）掌握小型数控铣床的开机、关机操作和回参考点操作。

3）掌握小型数控铣床的手动进给操作。

二、任务分析

在 SV-08M 小型数控铣床上进行手动操作，将毛坯尺寸为 50mm × 50mm × 15mm 的亚克力板，铣削成如图 1-12 所示的零件。

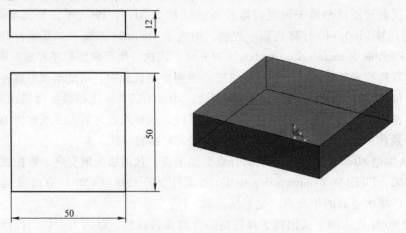

图 1-12　小型数控铣床手动操作零件图

要完成该任务，需要掌握机床坐标系、工件坐标系等理论和数控机床开/关操作、回参考点操作。操作过程注意安全操作规程。

三、相关理论

1. 数控机床坐标系

为简化编程和保证程序的通用性，对数控机床的坐标轴和方向命名制定了统一的标准，规定直线进给坐标用 X、Y、Z 表示，称为基本坐标轴。X、Y、Z 坐标轴的相互关系由右手定则决定，各坐标轴的空间位置关系如图 1-13 所示，图中大拇指的指向为 X 轴的正方向，食指的指向为 Y 轴的正方向，中指的指向为 Z 轴的正方向，称之为笛卡儿坐标系。

围绕 X、Y、Z 轴旋转的旋转坐标分别用 A、B、C 表示，其方向遵循右手螺旋定则。如图 1-14 所示，以大拇指的指向的 +X、+Y 或 +Z 方向，则食指、中指等的旋转方向是旋转坐标 +A、+B 或 +C 的方向。

数控机床的进给运动，有的由主轴带动刀具运动来实现，有的由工作台带动工件运动来实现。上述坐标轴的正方向是假定工件不动，刀具相对于工件作进给运动的方向。如果是工件移动，则用加 "'" 的字母表示，按相对运动的关系，工件运动的正方向恰好与刀具运动

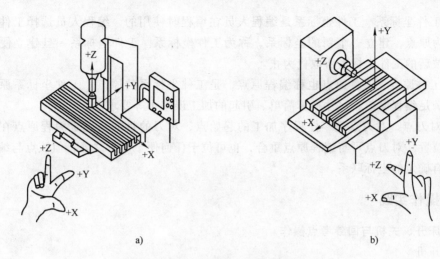

图 1-13 各坐标轴的空间位置关系

a）立式数控铣床坐标系 b）卧式数控铣床坐标系

的正方向相反。

机床坐标轴的方向取决于机床的类型和各组成部分的布局，对铣床而言有如下特点：

1）Z 轴与主轴的旋转轴线重合，刀具远离工件的方向为正方向（+Z）。

2）X 轴垂直于 Z 轴，并平行于工件的装夹面。如果为单立柱铣床，则面对主轴向立柱方向看，X 轴的正方向（+X）为向右运动的方向；如果是卧式铣床，则从主

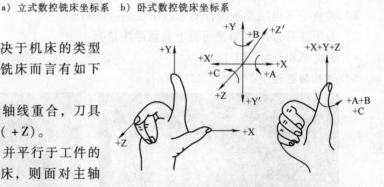

图 1-14 旋转轴的正方向

轴后面看工作台，其向右运动的方向为 X 轴的正方向（+X）。

3）Y 轴与 X 轴和 Z 轴一起构成遵循右手定则的坐标系统，也就是说，用右手定则来确定 Y 轴及其正方向。

所以在确定数控机床坐标系时，按照数控机床坐标系确定原则，应首先确定 Z 轴，然后再确定 X 轴，最后根据右手定则确定 Y 轴。

2. 机床原点、机床坐标系和机床参考点

（1）机床原点、机床坐标系 现代数控机床一般都有一个基准位置，称为机床原点，它是机床制造商设置在机床上的一个位置，其作用是使机床与控制系统同步，建立测量机床运动坐标的起始点，确定工件在机床中的位置。机床坐标系建立在机床原点的基础上，是机床上固有的坐标系。

（2）机床参考点 机床参考点一般不同于机床原点。它是由系统参数设定的，其值可以是零，此时，机床参考点和机床原点重合；如果不为零，则机床开机回参考点后显示的机床坐标系的值即为系统参数中设定的距离值。

回机床参考点的目的是建立机床坐标系，并确定机床坐标系的原点。

3. 工件坐标系、工件原点和对刀点

（1）工件坐标系　工件坐标系是编程人员在编程时使用的，编程人员选择工件上的某一已知点为原点，建立一个新的坐标系，称为工件坐标系。工件坐标系一旦建立便一直有效，直到被新的工件坐标系所取代为止。

（2）工件原点　工件原点也称编程原点，是工件坐标系的原点。工件坐标系原点的选择要尽量满足编程简单、尺寸换算简单、引起的加工误差小等要求。

（3）对刀点　对刀点是零件程序加工的起始点，对刀的目的是确定编程原点在机床坐标系中的位置。对刀点可与编程原点重合，也可位于任何便于对刀之处，但该点与编程原点之间必须有确定的坐标联系。

四、操作实践

1. 机床开、关机与回参考点操作

（1）开机

1）检查机床状态是否正常。

2）检查电源电压是否符合要求，接线是否正确。

3）按下急停按钮（如果面板上有急停按钮）。

4）机床通电，如图 1-15a 所示。

5）数控装置通电，如图 1-15b 所示。

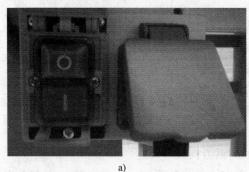

a)　　　　　　　　　　　　　　　　b)

图 1-15　开机

6）检查面板上的指示灯是否正常。

7）旋开急停按钮。

8）按一下复位键。

接通数控装置电源后，HNC-18xpM/19xpM 自动运行系统软件，进入"位置"主菜单，此时显示系统通电后的软键操作界面，工作方式为手动。

（2）回参考点　控制机床运动的前提是建立机床坐标系，系统接通电源并复位后，首先应执行机床各轴的回参考点操作，方法如下：

1）按一下控制面板上的回参考点键。

2）依次选择移动轴 + X、+ Z、+ Y、 - X、 - Z、 - Y，机床沿着所选择的轴方向移动。所有轴回参考点后，即建立了机床坐标系。

注意：

1）每次电源接通后，必须先完成各轴的回参考点操作，然后进入其他运行方式，以确

保各轴坐标的正确性。

2）同时按下 X、Z（或 Y）轴方向选择键时，可使 X、Z（或 Y）轴同时回参考点。

3）系统各轴回参考点后，在运行过程中只要伺服驱动装置不出现报警，其他报警均不需要重新回零。

（3）关机

1）如果面板上有"急停"按钮，则按下控制面板上的"急停"按钮，断开伺服电源。

2）如果面板上没有"急停"按钮，则直接断开数控电源。

2. 机床手动操作

（1）手动进给　按下"手动"键（指示灯亮），系统处于手动运行方式，可用点动方式移动机床坐标轴。下面以点动移动 X 轴为例进行说明：

1）按下" + X"或" − X"键（指示灯亮），X 轴将产生正向或负向连续移动。

2）松开" + X"或" − X"键（指示灯灭），X 轴即减速停止。

用同样的操作方法，通过" + Z"、" + Y"或" − Z"、" − Y"键，可使 Z 轴或 Y 轴产生正向或负向连续移动。在手动运行方式下，同时按下其中两轴的手动键，能同时手动控制这两个坐标轴连续移动，方法如下：

（2）手动连续进给　机床工作方式选择手动，按住要移动的坐标轴键不松开，此时机床沿所选择的轴方向移动，直至松开按键后停止。

（3）手动快速移动　手动进给时，若同时按下"快进"键，则机床以快进速度沿相应轴的正向或负向快速运动。

快进可以通过"快速修调"旋钮控制，分为 0%、25%、50% 及 100% 四挡，选择其中的一挡就可以使机床按快进百分比的速度移动。

（4）手动进给速度选择　旋转进给修调旋钮，使其指向选中的百分比数值，按下要移动的机床坐标轴中的一个键，就可以使机床按选中的进给倍率移动。加工中，也可以通过进给修调旋钮控制进给速度，进给修调旋钮的数值为 1% ~ 120%。

（5）增量进给　增量进给的增量值由机床控制面板上的增量开关及增量倍率旋钮控制，其增量倍率和增量值的对应关系见表 1-4。

表 1-4　增量倍率和增量值的对应关系

增量倍率	×1	×10	×100	×1000
增量值/mm	0.001	0.01	0.1	1

3. 任务实施

根据任务要求，该零件加工主要训练学生对机床的手动操作。对刀及加工过程中应注意进给量取较小值，其实施步骤如下：

1）选择直径为 φ10mm 的立铣刀并装夹在机床上，如图 1-16a 所示。

2）在工件上表面 Z 向对刀，采用手动快速移动方式将刀具移至工件上表面附近，如图1-16b 所示。

3）采用目测并配以手动连续进给方式，以较慢的速度使刀具轻微接触工件上表面，如图 1-16c 所示。当加工精度要求较高时，可采用量块配以增量进给方式对刀。

4）记下此时机床坐标系中的 Z 向坐标值（此处为 Z - 35.374）。保持刀具 Z 向不变的状态，将刀具沿 X 向移开工件表面；工作方式选择"增量"，倍率选择"×1000"，按"- Z"键三次，使刀具沿 - Z 方向下降 3mm（此时，机床坐标系中 Z 坐标值应为 Z - 38.374），如图 1-16d 所示。

图 1-16　手动操作步骤

g)　　　　　　　　h)

i)　　　　　　　　j)

图 1-16　（续）

5）在工件右侧面 X 向对刀，采用手动快速移动方式将刀具移至工件附近。采用目测并配以手动连续进给方式，以较慢的速度使刀具轻微接触工件右侧面，如图 1-16e 所示。当加工精度要求较高时，可采用量块配以增量进给方式对刀。

6）记下此时机床坐标系中的 X 向坐标值（此处为 X – 42. 768）。保持刀具 X 向不变的状态，将刀具沿 Y 向移开工件表面，如图 1-16f 所示。

7）工作方式选择"增量"，倍率选择"×1000"，按"–X"键六次，使刀具沿-X 方向进刀 6mm（此时，机床坐标系中 X 坐标值应为 X-48.768），如图 1-16g 所示。

8）工作方式选择"手动"，进给修调选择"15%"，按住"+Y"键，使刀具沿 +Y 方向进给切削工件，当刀具完全切出工件即可停止，如图 1-16h 所示。

9）参考步骤 7）、8），使刀具沿 –X 方向再次进刀 6mm，沿 –Y 向切削工件，如图 1-16i 所示。

10）如此往复切削，直至加工完成，如图 1-16j 所示。

4. 任务评价

手动操作任务评价见表 1-5。

表1-5　手动操作任务评价表

班级			学号			姓名	
项目与权重	序号	要求	配分	评分标准		检测记录	得分
工件评分 （15%）	1	外形尺寸正确	15	不正确全扣			
	2	表面质量一致性好	5	不符合要求每处扣2分			
程序与工艺 （10%）	3	切削用量选择合适	5	出现较大误差全扣			
机床操作 （35%）	4	对刀操作正确	10	每错一处扣3分			
	5	进给方向无差错	10	每错一处扣3分			
	6	增量步长选择正确	10	每错一处扣2分			
	7	机床操作无差错	5	每错一处扣2分			
文明生产 （40%）	8	安全操作	20	出错全扣			
	9	机床维护和保养	10	不合格全扣			
	10	工作场所整理	10	不合格全扣			
总评分		100		总得分			

五、知识拓展

1. 数控机床加工的优点

1）可适应加工对象的不断改型，为单件、小批量零件的加工及新产品试制提供了便利。

2）加工精度高。目前，中小型数控机床的定位精度可达0.03mm，重复定位精度可达0.01mm，普通数控机床的脉冲当量一般为0.001mm；同一批零件加工尺寸的一致性好。

3）生产率高。

4）可大幅度降低操作者的劳动强度。

5）能够加工复杂型面。

6）有利于实现生产管理数字化。

7）可以实现企业更加先进、集成化、数字化的现代制造生产管理运营模式。

2. 数控机床加工的不足

1）前期设备投入较普通机床高。一台国产CK6150型数控车床的参考价格在10万元左右，而同样规格的C6150型普通车床的参考价格仅4万元左右。

2）对操作人员专业知识的要求较高。综合技能优异的数控机床操作工必须经过系统学习和专业化训练。

3）后期设备养护和维修费用高。因为数控机床是对机械、电子、液压、气压、计算机、自动控制等技术的综合应用，维修工作技术含量较高，造成设备免费保修期满后的维修费用普遍较高。

3. 数控机床的加工范围

1）多品种、小批量生产的零件。

2）所加工几何要素比较复杂的零件。

3）为不断开发新产品，需要频繁改型的零件。

4）加工精度要求高的零件。

5）不允许报废、贵重的关键零件。

六、综合练习

1. 在 SV-08M 小型数控铣床上进行手动操作，将毛坯尺寸为 50mm×50mm×15mm 的亚克力板铣削成如图 1-17 所示的零件。

2. 在 SV-08M 小型数控铣床上进行手动操作，将毛坯尺寸为 50mm×50mm×15mm 的亚克力板铣削成如图 1-18 所示的零件。

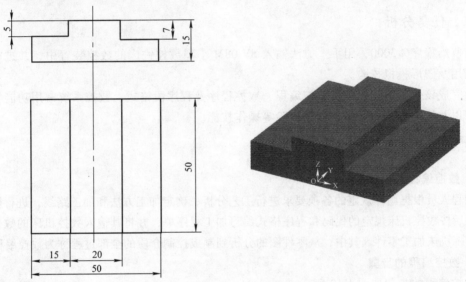

图 1-17　数控铣床手动操作训练（一）

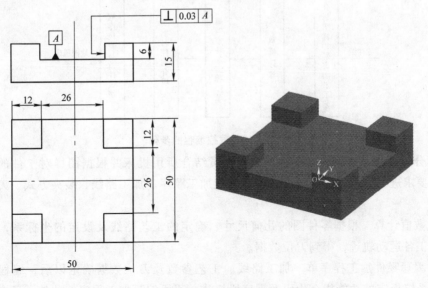

图 1-18　数控铣床手动操作训练（二）

任务四　小型数控铣床程序的输入与编辑

一、学习目标

1）了解数控编程的概念、步骤和种类。
2）掌握数控编程常用功能指令。
3）掌握数控编程的程序与程序段格式。
4）掌握数控程序手工输入与编辑方法。
5）掌握程序轨迹仿真的操作方法。

二、任务分析

将所给程序％3000，用手工方法输入 SV-08M 小型数控铣床的数控装置中，并进行该程序的调用及图形模拟校验。

为完成该任务，需要掌握数控编程、数控程序及程序段格式、数控系统常用功能等理论知识，以及数控程序的编辑、程序校验等操作技能。

三、相关理论

1. 数控编程的概念

编程人员根据图样规定的各项要求进行工艺分析，确定加工方法和加工路线，进行数学计算，然后按数控机床规定的代码和程序格式编写加工程序单，并将其输入数控机床的数控装置中，指挥机床加工零件。其中，从零件图的分析到制成控制介质的全部过程称为数控编程。

2. 数控编程的步骤

数控编程的步骤如图 1-19 所示。

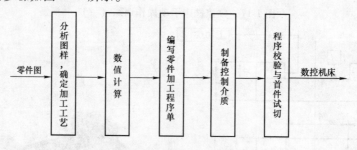

图 1-19　数控编程的步骤

（1）分析图样，确定加工工艺　编程人员结合所用机床并根据图样对工件的形状、尺寸、技术要求进行分析，选择加工方案，确定加工顺序、加工路线、装夹方式、刀具及切削参数。

（2）数值计算　根据零件图的几何尺寸、确定的工艺路线及设定的坐标系，计算零件粗、精加工各运动轨迹，得到刀位数据。

（3）编写零件加工程序单　加工路线、工艺参数及刀位数据确定以后，编程人员可以根据数控系统规定的功能指令代码及程序段格式，逐段编写加工程序。此外，还应填写有关工艺文件，如数控加工工序卡、数控刀具卡、数控刀具明细表、工件安装和零点设定卡、数控加工程序单等。

（4）制备控制介质　制备控制介质，即把编制好的程序单上的内容记录在控制介质上，作为数控装置的输入信息。

（5）程序校验与首件试切　编制的加工程序必须经过校验和试切才能正式使用。校验的方法可以采用机床空运转，或在有 LCD 图形显示屏的数控机床上用图形模拟方式进行；为保证加工精度，还应进行零件的首件试切。当发现有加工误差时，应分析误差产生的原因，找出问题所在并加以修正。

3. 数控编程的种类

数控编程一般分为手工编程和自动编程两种。

（1）手工编程　手工编程指从分析图样、确定加工工艺、数值计算、编写零件加工程序单、制备控制介质到程序校验都由手工完成。

对于加工形状简单的零件，其计算比较简单，程序较短，采用手工编程较容易完成，而且经济、及时。因此，在点定位加工及由直线与圆弧组成的轮廓加工中，手工编程仍应用广泛。

（2）自动编程　自动编程是利用 CAD/CAM 技术进行零件设计、分析和造型，并通过后置处理，自动生成加工程序，经过程序校验和修改后形成加工程序。这种方法适应面广、效率高、程序质量好，目前被广泛使用。

4. 数控加工程序与程序段

每种数控系统，根据系统本身的特点及编程的需要，都有一定的程序格式。对于不同的机床，其程序的格式也不同。因此，编程人员必须严格按照机床说明书的规定格式进行编程。

（1）程序的结构　一个完整的程序由程序号、程序内容和程序结束三部分组成。

1）程序号。程序号即程序的开始部分，为了区别存储器中的程序，每个程序都要有程序编号，编号前为程序编号地址码。在华中数控系统中，一般采用"%"作为程序编号地址码。

2）程序内容。程序内容部分是整个程序的核心，它由许多程序段组成，每个程序段由一个或多个指令构成。程序内容表示数控机床要完成的全部动作。

3）程序结束。编程中，以程序结束指令 M02 或 M30 来结束整个程序。

本任务程序如下：

```
%3000              程序号
G90 G40
G54 M03 S800
G00 X – 35 Y – 35
Z5
G01 Z – 4  F75
G01 Y – 25         程序内容
X25
Y – 25
X – 35
X – 35  Y – 35
G00  Z50
M30                程序结束
```

（2）程序段格式　零件的加工程序是由程序段组成的，每个程序段由若干个程序字组成，每个程序字是控制系统的具体指令，它由表示地址的英文字母、特殊文字和数字组合而成。

程序段格式是指一个程序段中字、字符、数据的书写规则，目前常用的是字-地址程序段格式。字-地址程序段格式由程序段号、程序字和程序段结束组成。例如：

N20 G01 X25 Y－36 F100 S300 T02 M03

5. 数控系统常用功能

（1）准备功能　准备功能又称 G 功能或 G 指令，G 功能是使数控机床做好某种操作准备的指令，用地址码"G"和两位数字表示。华中数控系统中有 G00～G99，共 100 种准备功能。

（2）辅助功能　辅助功能又称 M 功能或 M 指令，用地址码"M"和后面的两位数字表示，从 M00 到 M99，共 100 种。M 功能是用于表示机床辅助动作的指令，如切削液的开关，主轴的正转、反转和停转以及程序结束等。

虽然 G 指令和 M 指令已标准化，但因数控系统及数控机床厂家的不同，G 指令和 M 指令的功能也不尽相同，所以在数控编程时，一定要严格按照机床说明书的规定使用。

（3）其他功能

1）程序段号。用以识别程序段的编号，用地址码"N"和后面的若干位数字表示。例如，N20 表示该语句的语句号为 20。

2）坐标功能。坐标功能字由尺寸字地址码和"＋"或"－"及绝对（或增量）数值构成。尺寸字地址码有 X、Y、Z、U、V、W、P、Q、R、A、B、C、I、J、K、D 和 H 等；尺寸字中的"＋"可省略。

3）进给功能。进给功能（F 功能）表示刀具相对于工件的运动速度，由地址码"F"和后面的若干位数字构成。数字的单位根据加工需要，分为每分钟进给和每转进给两种。

① 每分钟进给 G98。刀具进给量单位为 mm/min，由指令 G98 指定，"F"后的数值为大于零的常数。

② 每转进给 G99。刀具进给量单位为 mm/r，由指令 G99 指定，与每分钟进给一样，"F"后的数值也为大于零的常数。

在编程过程中，F 功能的数值是无符号的。另外，在数控加工过程中，还可以通过操作机床面板上的进给倍率旋钮对进给量进行实时修正。

4）主轴功能。用以控制主轴转速的功能称为主轴功能（S 功能），由地址码"S"和其后的一组数字组成，单位为 r/mm。例如，S800 表示主轴转速为 800 r/min。主轴转速的高低由所选用的刀具、加工工件的材料等因素决定。

在编程过程中，S 功能的数值是无符号的，与 F 功能一样，也可以通过操作机床面板上的主轴转速倍率旋钮对主轴转速进行实时修正。

在数控程序中，主轴的正转、反转及停转分别由辅助功能指令 M03、M04 及 M05 进行控制。

5）刀具功能。刀具功能（T 功能）是指示系统进行选刀或换刀的功能，由地址码"T"和一组数字组成。刀具功能中的数字是指定的刀号，数字的位数由所用系统决定。例如，T08 表示八号刀。

6. 常用功能指令的属性

（1）指令分组 所谓指令分组，就是将系统中不能同时执行的指令分为一组，并以编号区别。例如，指令 G00、G01、G02 和 G03 属于同组指令，其分组编号为 01。

同组指令具有相互取代的作用，其在一个程序段中只能有一个有效；不同组的指令可在同一程序段中进行不同的组合。例如：

G40 G90 G17 G54　　　　　本程序段是正确的，所有指令均不同组

G00 G02 X0 Y0 R20.0 F80　　本程序段是不规范的，G00 与 G02 属于同组指令

（2）模态指令 模态指令（又称续效指令）表示该指令在程序段中一经指定，在接下来的程序段中将一直有效，直到出现同组的另一个指令时，该指令才失效。常用的模态指令有 G00、G01、G02、G03 及 F、S、T 等指令。尺寸功能字具有模态功能，若在程序段中重复出现，则该尺寸功能字适当时可以省略。

（3）非模态指令 非模态指令（又称为非续效指令）仅在编入的程序段中有效，再次使用时应重新输入，如 G04 指令。

（4）开机默认指令 在数控系统的每一组指令中，都有一个指令作为开机默认指令，此指令在开机或系统复位时可以自动生效。常见的开机默认指令有 G17、G40、G90、G98、G54 等。

四、操作实践

根据任务要求在 SV-08M 小型数控铣床的数控装置中建立编辑和校验程序％3000。

1. 程序的新建、输入与编辑

1）按主菜单功能键中的"程序"。

2）按子菜单功能键中的"F2"（编辑），进入含有"新建"菜单的界面。

3）按子菜单功能键中"编辑"键下一级菜单中的"F1"（新建）。

4）输入新建文件名"03000"，按 < Enter > 键，结果如图 1-20a 所示。

5）按 < BS > 键，删除"％5344"，输入"％3000"，按 < Enter > 键，结果如图 1-20b 所示。

6）输入"G90 G40"，按 < Enter > 键。

7）按顺序依次输入程序段，每输入完一个程序段后，按 < Enter > 键转入下一行，直至程序输入完毕，如图 1-20c、d 所示。

8）按"F2"（保存），进入如图 1-20e 所示界面，按 < Enter > 键，文件保存成功，如图 1-20f 所示。

注意：在输入程序的过程中，如果要对程序中的字符进行修改，可通过 < BS > 键或 < Del > 键删除光标所在位置的前一个字符或后一个字符；移动光标可通过光标移动键实现。

2. 程序的调用与模拟校验

1）调用％3000 程序，并采用图形模拟方式进行程序的校验。

2）按主菜单功能键中的"程序"。

3）按子菜单功能键中的"F1"（选择），进入程序列表界面，如图 1-21a 所示。

4）移动光标找到要调用的文件程序，如图 1-21b 所示，按 < Enter > 键确定，即可进入所调用的程序显示界面，如图 1-21c 所示。

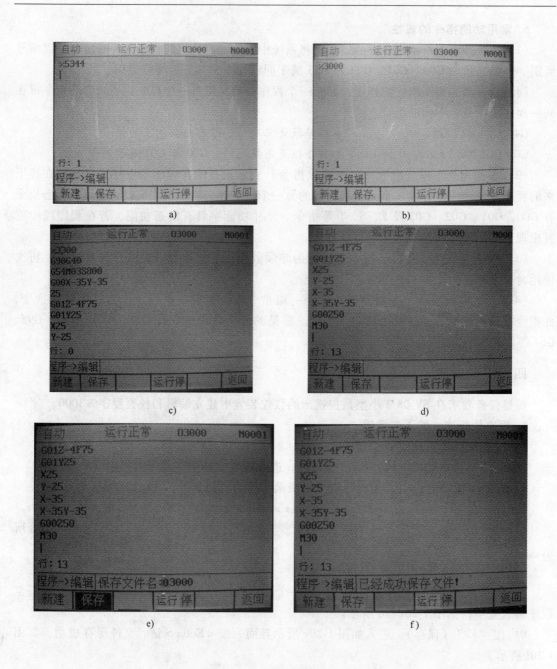

图 1-20 程序的新建输入与编辑

5）按子菜单功能键中的"F3"（运行），进入其下一级菜单界面，即"校验"菜单界面，如图 1-21d 所示。

6）按"F1"（校验），进入校验界面，如图 1-21e 所示。

7）按主菜单功能键中的"位置"，按子菜单功能键中的"F5"（图形），进入图形模拟界面，如图 1-21f 所示。

8）将工作状态选为"自动"，按"循环启动"按钮，此时屏幕上出现刀具的运动轨迹，程序图形校验结果如图 1-21g 所示。

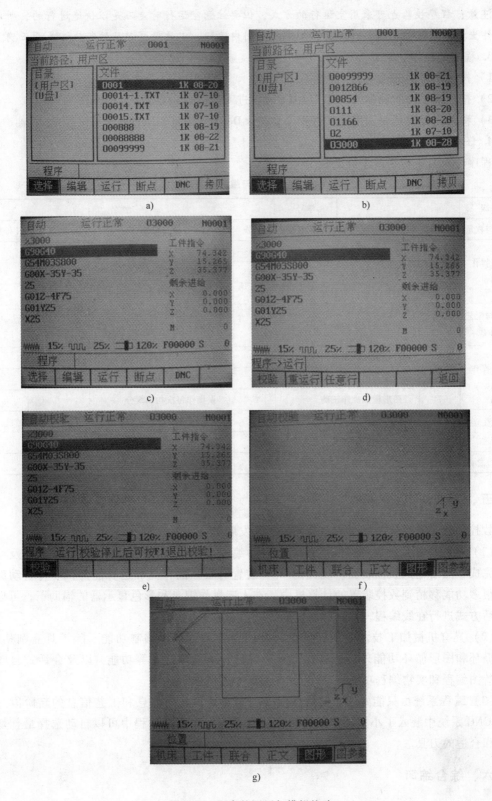

图 1-21　程序的调用与模拟校验

注意：程序校验也可采用空运行的方式，但要注意空运行时走刀是以快速进行的，所以应将工件坐标系沿 Z 向上移，让刀具在足够的空间内运行，以此观察刀具运行轨迹是否正确。

3. 程序的删除

1）按主菜单功能键中的"程序"。

2）按子菜单功能键中的"F1"（选择），进入程序列表界面。

3）移动光标找到要调用的文件程序，按 < Del > 键确定删除即可。

4. 任务评价

程序输入与编辑任务评价见表 1-6。

表 1-6　程序输入与编辑任务评价表

班级			学号				姓名	
项目与权重	序号	要求		配分	评分标准		检测记录	得分
加工操作 （30%）	1	图形模拟正确		10	不正确全扣			
	2	程序内容输入正确		10	每错一处扣 2 分			
	3	程序完整，无遗漏		10	每错一处扣 2 分			
程序与工艺 （10%）	4	程序与程序段格式正确		10	每错一处扣 5 分			
机床操作 （40%）	5	程序输入和编辑操作正确		20	误操作每次扣 2 分			
	6	程序调用操作正确		15	误操作每次扣 5 分			
	7	图形模拟操作正确		5	误操作每次扣 2.5 分			
文明生产 （20%）	8	安全操作		10	出错全扣			
	9	机床维护和保养		10	不合格全扣			
总评分		100			总得分			

五、拓展知识

数控编程是实现数控加工的主要环节，其发展趋势如下。

（1）从脱机编程发展到在线编程　传统的编程是脱机进行的，由人工、计算机及编程机来完成，然后输入数控装置。现代的 CNC 装置有很强的存储和运算能力，可将自动编程机的很多功能移植到数控装置的计算机中，在人工操作键盘和彩色显示器的辅助下，可以人机对话方式进行在线编程，并具有前台操作、后台编程等功能。

（2）具有机械加工技术中的特殊工艺和组合工艺的程序编制功能　除了具有圆切削、固定循环和图形循环功能外，还具有宏程序设计、子程序设计等功能，以及会话式自动编程、蓝图编程和实物编程功能。

（3）编程系统由只能处理几何信息发展到同时处理几何信息和工艺信息的新阶段　新型的 CNC 系统中装入了小型工艺数据库，使得在线程序编制过程中可以自动选择最佳切削用量和合适的刀具。

六、综合练习

1. 数控编程分哪几类？各有何特点？

2. 简述数控编程的步骤。

3. 将教师所给程序输入数控机床内，并进行程序调用及校验。

任务五　小型数控铣床常用刀具

一、学习目标

1）掌握数控铣加工常用刀具的种类、特点及应用对象。

2）能够根据加工内容合理选用刀具。

3）能进行手动装刀和卸刀操作。

二、任务分析

在 SV-08M 小型数控铣床上加工如图 1-22 所示的零件，其毛坯为 50mm × 50mm × 16mm 的亚克力板，针对各加工部位合理选择加工所用刀具。

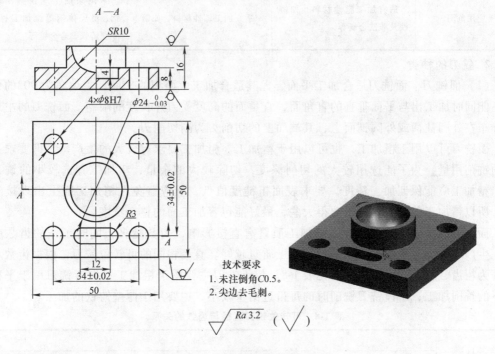

图 1-22　刀具选用技能训练零件图

为完成此任务，需要掌握在铣床上加工平面、轮廓、键槽、曲面及孔系所用铣刀的相关知识，并能够进行刀具的简单装卸。

三、相关理论

1. 常用刀具材料

常用的刀具材料有高速工具钢及硬质合金。

（1）高速工具钢　高速工具钢是一种含多种合金元素的高合金钢，其碳的质量分数达

0.7%～1.5%，并加入了较多的铬、钨、钒等合金元素，合金元素总质量分数达 10%～25%。其中，铬能提高钢的淬透性；钨能提高热硬性；钒不仅能提高钢的硬度和耐磨性，还能降低钢的过热倾向并细化晶粒。高速工具钢的常用牌号有 W18Cr4V、W6Mo5Cr4V2、W2Mo8Cr4V，其中 W18Cr4V 应用最广，常用来制造各种切削刀具，如车刀、铣刀、拉刀、刨刀等，工作温度可达 600℃。

（2）硬质合金　硬质合金中碳化物的含量越高，钴的含量越低，其硬度、热硬性及耐磨性越高，强度及韧性越低。同一类硬质合金中，含钴量较高者适宜制造粗加工刀具；反之，则适合制造精加工刀具。常用硬质合金的牌号、硬度及应用范围见表 1-7。

数控铣床所用刀具常采用适应高速切削的刀具材料，如高速工具钢、超细粒度硬质合金等，并使用可转位刀片。

表 1-7　常用硬质合金的牌号、硬度及应用范围

牌号	K 类	P 类	M 类
使用硬度 HRC	73～78	75～81	78～81
应用范围	适宜加工脆性材料，如铸铁及非铁金属等	适宜加工塑性材料，如钢	常用来加工不锈钢、耐热钢、奥氏体钢等难加工材料、冷硬铸铁、合金钢等

2. 铣刀的种类

（1）面铣刀　面铣刀适合加工平面，尤其适合加工大面积的平面。主偏角为 90°的面铣刀还能同时加工出与平面垂直的直角面，直角面的高度受刀片长度的限制。面铣刀的主切削刃分布在外圆柱面或外圆锥面上，其端面上的切削刃为副切削刃。

面铣刀可以用于粗加工，也可以用于精加工。粗加工要求有较大的生产率，即要求有较大的铣削用量，为了能选用较大的切削深度，切除较大的余量，粗加工宜选较小的铣刀直径；精加工应能保证加工精度，要求表面粗糙度值低，但应避免在精加工面上出现接刀痕迹，所以精加工的铣刀直径要选得大些，最好能包容加工面的整个宽度。

面铣刀的齿数对铣削生产率和加工质量有直接影响，齿数越多，同时工作的齿数就越多，生产率越高，铣削过程越平稳，加工质量越好。直径相同的可转位铣刀，根据齿数不同可分为粗齿、细齿和密齿三种，见表 1-8。粗齿铣刀主要用于粗加工；细齿铣刀用于平稳条件下的铣削加工；密齿铣刀铣削时的每齿进给量较小，主要用于薄壁铸铁的加工。

表 1-8　可转位铣刀直径与齿数的关系

项目	直径/mm										
	50	63	80	100	125	160	200	250	315	400	500
粗齿			4			8	10	12	16	20	26
细齿				6	8	10	12	16	20	26	34
密齿					12	18	24	32	40	52	64

（2）立铣刀　立铣刀按材料不同可分为硬质合金立铣刀和高速工具钢立铣刀，如图 1-23 所示，主要用于加工沟槽、台阶面、平面和二维曲面（如平面凸轮的轮廓）。

习惯上用直径表示立铣刀名称。例如，φ15 立铣刀表示直径为 15mm 的立铣刀。

立铣刀通常有 3～6 个刀齿，每个刀齿的主切削刃分布在圆柱面上，呈螺旋线形，其螺

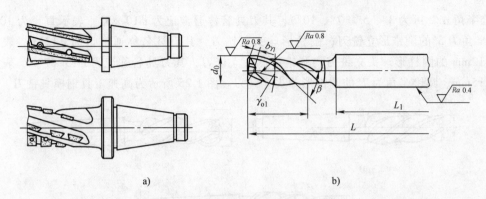

图 1-23 立铣刀

a）硬质合金立铣刀 b）高速工具钢立铣刀

旋角在 30°~45°之间，这样有利于提高切削过程的平稳性和加工精度；刀齿的副切削刃分布在端面上，用来加工与侧面垂直的底平面。立铣刀的主切削刃和副切削刃可以同时进行切削，也可以分别进行切削。

立铣刀根据其刀齿数目不同，可分为粗齿立铣刀、中齿立铣刀和细齿立铣刀，见表 1-9。粗齿立铣刀的刀齿少，强度高，容屑空间大，适于粗加工；细齿立铣刀的齿数多，工作平稳，适于精加工；中齿立铣刀介于粗齿和细齿之间。

表 1-9 立铣刀直径与齿数的关系

项 目	直径/mm					
	2~8	9~15	16~28	32~50	56~70	80
细齿	5	6	8	10	12
中齿	4		6	8	10
粗齿	3		4	6	8

（3）键槽铣刀 键槽铣刀（图 1-24）有两个刀齿，其圆柱面上和端面上都有切削刃，兼有钻头和立铣刀的功能。端面刃延伸至圆中心，使立铣刀既可以沿其轴向钻孔，切出键槽深；又可以像立铣刀一样，用圆柱面上的切削刃铣削出键槽长度。铣削时，立铣刀先对工件钻孔，然后沿工件轴线铣出键槽全长。

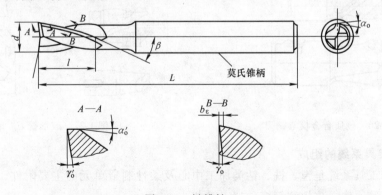

图 1-24 键槽铣刀

（4）模具铣刀 模具铣刀是由立铣刀发展而成的，其直径在 4~63mm 的范围内，主要用于加工三维模具型腔或凸凹模的成形表面。模具铣刀通常有以下三种类型：圆锥形立铣刀

（圆锥半角 $\alpha/2$ 可为 3°、5°、7°、10°），其刀具名称通常记为 $\phi10 \times 5°$，表示直径为 10mm、圆锥半角为 5°的圆锥形立铣刀；圆柱形球头立铣刀，其刀具名称通常记为 $\phi12R6$，表示直径是 12mm 的圆柱形球头立铣刀；圆锥形球头立铣刀，其刀具名称记为 $\phi15 \times 7°R$，表示直径是 15mm、圆锥半角为 7°的圆锥形球头立铣刀。图 1-25 所示为高速工具钢模具铣刀。

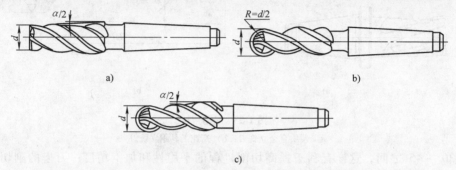

图 1-25　高速工具钢模具铣刀
a）圆锥形立铣刀　b）圆柱形球头立铣刀　c）圆锥形球头立铣刀

　　模具铣刀的圆柱面（或圆锥面）和球头上都有切削刃，可以进行轴向和径向进给切削。模具铣刀的工作部分用高速工具钢或硬质合金制造（图 1-26），小尺寸的硬质合金模具铣刀制成整体结构；直径在 6mm 以上的，可制成焊接结构或可转位刀片形式。模具铣刀的柄部有直柄、削平型直柄和莫氏锥柄等形式。

　　（5）鼓形铣刀　鼓形铣刀的切削刃分布在半径为 R 的中凸鼓形外廓上，如图 1-27 所示，其端面无切削刃。铣削时控制铣刀的上下位置，可改变切削刃的切削部位，从而在工件上加工出由负到正的不同斜角表面，常用于在数控铣床和加工中心上加工立体曲面。R 值越小，鼓形铣刀所能加工的斜角范围越广，加工后的表面粗糙度值也越小。这种刀具的缺点是刃磨困难，切削条件差，而且不能加工有底的轮廓。

　　（6）成形铣刀　成形铣刀（图 1-28）一般为专用刀具，它是为某个工件或某项加工内容而专门制造（刃磨）的，适合加工特定形状的面和特型的孔、槽。

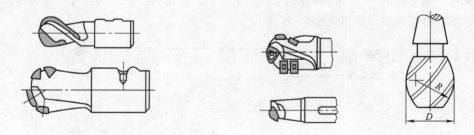

图 1-26　硬质合金模具铣刀　　　　　　　　图 1-27　鼓形铣刀

3. 常用工具系统的组成

　　数控机床工具系统是镗、铣、钻类加工中心及柔性制造单元的主要附件，可完成镗削、铣削、钻削、铰、锪、攻螺纹等多种加工工艺。

　　数控机床的工具系统分为整体式和模块式两种。

　　（1）整体式　整体式工具系统中每把工具的柄部与所夹持刀具的工作部分连成一体，

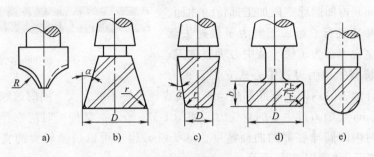

图 1-28　成形铣刀

不同品种和规格的工作部分都必须加
工出一个能与机床相连接的柄部，这
导致工具的规格、品种繁多，给生
产、使用和管理带来了诸多不便。这
种类型的工具系统有日本的 TMT 系
统、我国的 TSG82 系统等。我国的
TSG 系统规定了各式刀体、刀柄、接
长杆等的代号、结构、尺寸系列、连
接形式及适用范围。例如：带有机械
手夹持槽的锥柄的代号为 JT，柄锥度
为 7:24；直柄代号为 JZ，如图 1-29 所示。

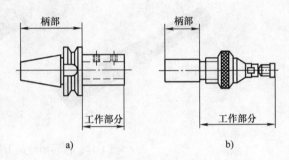

图 1-29　TGS 整体式工具系统的组成
a）锥柄　b）直柄

　　（2）模块式　镗铣类模块式工具系统即 TMG 工具系统，是把整体式工具分解成柄部
（主柄模块）、中间连接块（连接模块）和工作头部（工作模块）三个主要部分，然后通过
各种连接结构，在保证刀柄连接精
度、强度和刚性的前提下，将这三
部分连接成整体，如图 1-30 所示。

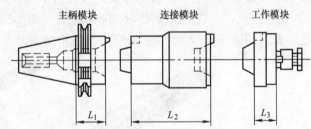

　　这种工具系统可以采用不同规
格的连接模块，组成各种用途的模
块工具系统，既灵活、方便，又大
大减少了工具的储备。例如，国内
生产的 TMG10 和 TMG21 模块工具

图 1-30　模块式工具系统的组成

系统发展迅速，应用广泛，是加工中常用的基本工具系统。

四、操作实践

1. 根据任务要求选择相应刀具

　　该零件所给毛坯为 50mm×50mm×16mm 的亚克力板，其主要加工部位包括五个部分：
8mm 高的平面、ϕ24mm 的圆柱面、SR10mm 的内凹圆球、4 个 ϕ8H7 的孔及键槽。下面依次
对加工部位进行分析，并选择相应刀具。

　　（1）8mm 高的平面　该部位为自由公差，精度不高，采用立铣刀即可完成加工任务。
考虑到加工总余量较大，为了保证加工效率，应选用较大直径的立铣刀；又根据小型铣床刀
夹所允许安装刀具的直径要求，选择 ϕ10mm 的立铣刀，如图 1-31 所示。

（2）*SR*10mm 内凹圆球　该加工部位为曲面，分粗、精加工两步进行。粗加工时为了快速去除余量，应选用立铣刀，为了便于从中心垂直进刀，立铣刀应选择新型的切削刃过中心式立铣刀；为

图 1-31　φ10mm 立铣刀

了保证能够充分地去除内凹圆球底部的余量，其直径最好不要太大，同时兼顾加工刚性的问题，这里选 φ6mm 切削刃过中心的立铣刀，如图 1-32a 所示。精加工时应选择球头铣刀，为了保证精加工时内凹圆球底部的曲面精度，球头铣刀也不可以选择较大的直径，这里选择 φ6mm 的球头铣刀，如图 1-32b 所示。

a)　　　　　　　　　　　b)

图 1-32　内凹圆球加工用刀具
a）φ6mm 立铣刀　b）φ6mm 球头铣刀

（3）φ24mm 的圆柱面　由图样可知，该加工部位具有较高的尺寸精度要求，铣削 8mm 高平面的同时，应在圆柱部位为精加工留余量。精加工时为了充分利用刀具，应采用加工内凹圆球所用的 φ6mm 立铣刀。

（4）4 个 φ8H7 的孔　由图样可知，这 4 个孔不但尺寸精度要求较高，孔距之间也有精度要求，所以采用钻、扩、铰的方式完成。为了定位准确，这里先用 φ3mm 中心钻（图 1-33a）钻定位孔，之后依次使用 φ6.5mm 钻头（图 1-33b）钻孔、7.8mm 钻头（图 1-33c）扩孔，最后用 φ8mm 铰刀（图 1-33d）完成精加工。

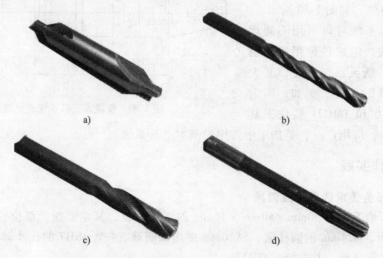

a)　　　　　　　　　　　b)

c)　　　　　　　　　　　d)

图 1-33　φ8H7 孔加工用刀具
a）φ3mm 中心钻　b）φ6.5mm 钻头　c）φ7.8mm 钻头　d）φ8mm 铰刀

注意：受该机床 Z 向高度所限，铰刀总长应选择特制的尺寸。

（5）键槽　由于该部位的尺寸精度要求不高，因此可直接采用尺寸与之对应的键槽铣刀进行加工，即选用 $\phi6$mm 键槽铣刀，如图 1-34 所示。

综上所述，加工该零件所用的刀具共有 8 种，见表 1-10。

表 1-10　数控加工工序卡片

工步	工步内容	刀具号	刀具规格 /mm	主轴转速 /(r/min)	进给速度 /(mm/min)	备注
1	粗铣平面	T1	$\phi10$mm 立铣刀	700	50	
2	粗铣内凹圆球	T2	$\phi6$mm 立铣刀	700	50	
3	精铣 $\phi24$mm 圆柱面	T2	$\phi6$mm 立铣刀	1000	75	
4	精铣内凹圆球	T3	$\phi6$mm 球头铣刀	1000	75	
5	钻中心孔	T4	$\phi3$mm 中心钻	1000	40	
6	钻孔	T5	$\phi6.5$mm 钻头	600	35	
7	扩孔	T6	$\phi7.8$mm 钻头	500	30	
8	铰孔	T7	$\phi8$mm 铰刀	260	20	
9	铣削键槽	T8	$\phi6$mm 键槽铣刀	800	30	
编制：		审核：		批准：		日期：

2. 小型数控铣床刀具的装卸过程

在 SV-08M 小型数控铣床上使用的各种刀具，其安装主要是通过随机床配备的钻铣夹头（图 1-35a）和锁紧扳手（图 1-35b）来完成。下面以立铣刀为例，介绍刀具在小型数控机床钻铣夹头上的安装及拆卸方法。注意：其过程如包括钻铣夹头部分的安装或拆卸，操作前应关闭机床电源。

a)　　　　　　　　　　　　　　　　b)

图 1-34　$\phi6$mm 键槽铣刀　　　　　　图 1-35　刀具安装刀具

　　　　　　　　　　　　　　　　　　　a) 钻铣夹头　b) 锁紧扳手

（1）刀具的安装

1）用棉布将主轴孔、钻铣夹头的夹柄及刀具的刀柄擦干净，不要留有切屑等脏物。

2）将钻铣夹头安装在主轴上。

3）用手（顺时针，从 Z 轴正向往负向观察）旋开钻铣夹头的锁紧环，使夹爪张开到合适孔径，如图 1-36a 所示。

4）将刀具放入夹爪内，并使刀具伸出适当长度，用手逆时针用力旋紧锁紧环，如图 1-36b 所示。

5）一手扶住刀具，一手用锁紧扳手进行紧固夹紧，直至刀具装夹牢固为止，如图 1-

36c 所示。

6）刀具装夹完毕，如图 1-36d 所示。

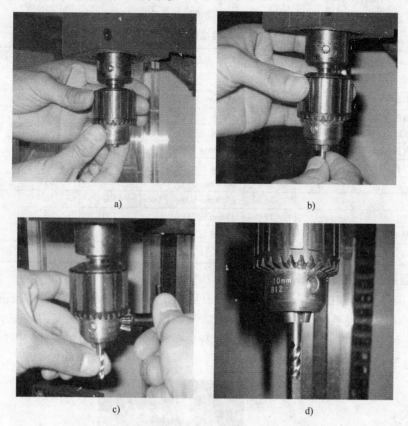

a)　　　　　　　　　　　　b)

c)　　　　　　　　　　　　d)

图 1-36　刀具的安装

（2）刀具的拆卸

1）一手扶住刀具，一手用锁紧扳手松开钻铣夹头的锁紧环。

2）一只手扶住刀具的同时，另一只手旋开锁紧环，取下刀具。

3）取下钻铣夹头。

4）用棉布将主轴孔、钻铣夹头的夹柄及刀具的刀柄擦干净，不要留有切屑等脏物，以备下次使用。

3. 任务评价

刀具选用任务评价见表 1-11。

表 1-11　刀具选用任务评价表

班级			学号			姓名	
项目与权重	序号	要求		配分	评分标准	检测记录	得分
工件评分 （60%）	1	能够根据工件选用相应刀具		20	每错一处扣 4 分		
	2	明确各刀具的特点和用途		20	每错一处扣 4 分		
	3	明确各刀具的规格参数		20	每错一处扣 4 分		

（续）

班级			学号			姓名	
项目与权重	序号	要求		配分	评分标准	检测记录	得分
程序与工艺	4	无					
机床操作 （20%）	5	能够正确安装刀具		20	每错一处扣4分		
文明生产 （20%）	6	安全操作		10	出错全扣		
	7	机床维护和保养		5	不合格全扣		
	8	工作场所整理		5	不合格全扣		
总评分			100		总　得　分		

五、拓展知识

1. 数控刀具的特点

数控加工多采用机夹式可转位刀具，其目的在于尽可能实现刀具的快速更换及调整，保证切削加工的连续性，充分发挥数控机床高效率、高精度、高加工质量等特点，较少采用整体式刃磨刀具。为此，数控刀具在结构上应具备以下特点：

1）刀片和刀具几何参数及切削参数的规范化、典型化。

2）刀片、刀具材料及切削参数与被加工工件材料之间应匹配。

3）刀片或刀具使用寿命与经济性的合理化。

4）刀片及刀柄定位基准的优化。

5）刀片及刀柄对机床主轴相对位置的要求高。

6）对刀柄的强度、刚性及耐磨性的要求高。

7）对刀柄或工具系统的装机重量有限制。

8）对刀柄的转位和装拆有重复精度要求。

9）对刀片及刀柄切入的位置和方向有要求。

10）刀片和刀柄高度的通用化、规范化和系列化。

11）整个数控刀具系统自动换刀系统的优化。

2. 数控刀具新技术与发展趋势

自数控技术产生以来，数控刀具的科技成果主要体现在研发一刀多切削功能和提高切削刃切削性能等方面，以适应高速（超高速）、硬质（含耐热、难加工）、干式、精细（超精）切削及高效率数控加工的技术要求。随着零件毛坯制造技术的进步，对零件毛坯几何尺寸及切削余量的控制较为精确，数控刀具新结构、新品种的研发主要集中在轻、中负荷切削范围内，以专用孔加工、拉削、滚（挤、碾）压、铣削及车削五类刀具的变革较为活跃，并配套研发了其相应断屑槽形式。

近几年来，国际上出现了以 HSK 刀具系统逐步替代各厂商研发的其他刀具系统的发展趋势。欧洲发达国家沿用了德国 DIN69893-1 号 HSK 刀具系统标准，国际标准化组织委员会为其制定了 ISO/DIS 标准。HSK 刀具系统具有动、静刚度高，定位精度好，允许转速高（≤150000r/min）等特点，既便于规范刀具管理，又在总体上节约了刀具费用，降低了生产成本。其首先应用于加工中心、数控镗铣床，然后逐渐扩大到各类车床（车削中心）、磨床

（磨削中心）、数控专机及数控加工自动生产线上，使用范围几乎覆盖所有刀具领域。

六、综合练习

1. 采用毛坯为 50mm×50mm×20mm 的亚克力板，在 SV-08M 小型数控铣床上加工如图 1-37 所示的零件，针对各加工部位合理选择加工所用刀具。

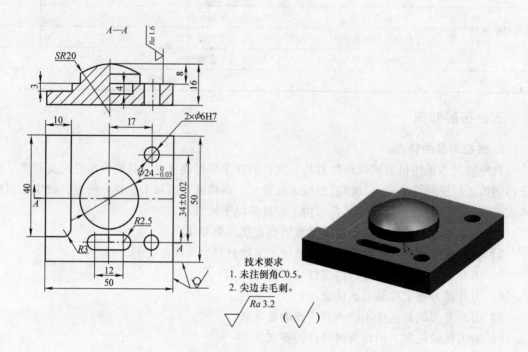

图 1-37　刀具选择技能训练零件图

2. 常用数控铣加工所用刀具有哪些？它们各适用于哪种加工对象？

3. 数控机床的工具系统分为哪几种？

任务六　小型数控铣床常用对刀方法

一、学习目标

1）认识常用夹具。

2）掌握用平口钳装夹的找正方法。

3）掌握数控铣床对刀的基本原理和常用对刀方法。

二、任务分析

通过相关理论的学习，能够选择合适的夹具，完成如图 1-38 所示亚克力板（50mm×50mm×15mm）的装夹，并能采用合理的对刀方式在毛坯上表面中心处建立工件坐标系。

为完成该任务，需要掌握常用对刀方法的基本原理、坐标系建立及参数设定的过程，以及简单工件的找正技巧。

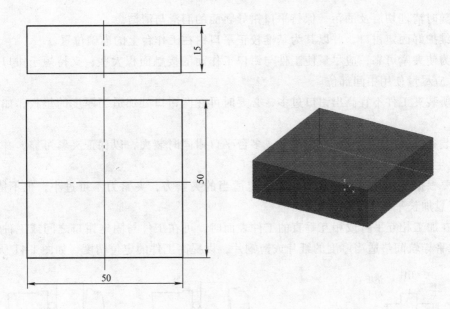

图 1-38　对刀技能训练零件图

三、相关理论

1. 常用夹具及其找正

在数控铣床上装夹工件通常采用以下四种方法：

1）使用平口钳装夹工件。

2）用压板、弯板、V 形块和 T 形螺栓装夹工件。

3）通过托盘将工件装夹在工作台上。

4）使用组合夹具、专用夹具等。

结合小型数控铣床的加工特点，这里主要介绍用平口钳装夹工件的方法。

（1）平口钳在机床工作台上的定位　平口钳的固定钳口是装夹工件时的定位元件，通常通过找正固定钳口的位置完成平口钳在机床上的定位，即以固定钳口为基准确定平口钳在工作台上的安装位置。多数情况下，要求固定钳口无论是纵向使用或横向使用，都必须与机床导轨的运动方向平行，同时还要求固定钳口的工作面与工作台面垂直。其找正方法是：如图 1-39 所示，将百分表的表座固定在铣床主轴或床身的某一适当位置，使百分表测头与固定钳口的工作面相接触；此时，纵向或横向移动工作台，观察百分表的读数变化，即可反映出平口钳固定钳口与纵向或横向进给运动的平行度误差。若沿垂直方向移动工作台，则可测出固定钳口与工作台面的垂直度误差。

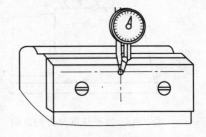

图 1-39　用百分表找
正平口钳到正确位置

（2）使用平口钳装夹工件　正确合理地使用平口钳，不仅可以保证装夹工件的定位精度，而且可以保持平口钳本身的精度，延长其使用寿命。使用平口钳时，应注意以下几点：

1）随时清理切屑及油污，保持平口钳导轨面的润滑与清洁。

2）维护好固定钳口，并以其为基准校正平口钳在工作台上的准确位置。

3）为使夹紧可靠，应尽量使工件与钳口工作面的接触面积大些；夹持短于钳口宽度的工件时，应尽量使用中间部位。

4）所装夹工件不宜高出钳口过多，必要时可在两钳口处加适当厚度的垫板，如图 1-40 所示。

5）装夹较长的工件时，可用两台或多台平口钳同时装夹，以保证夹紧可靠，并可防止切削时发生振动。

6）要根据工件的材料、几何轮廓确定适当的夹紧力，夹紧力不可过小，也不能过大。不允许任意加长平口钳手柄。

7）在加工相互平行或相互垂直的工件表面时，可在工件与固定钳口之间或工件与机用虎钳的水平导轨间垫适当厚度的纸片或薄铜片，以提高工件的定位精度，如图 1-41 所示。

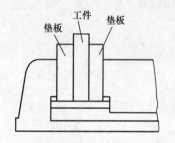

图 1-40 较高工件的装夹

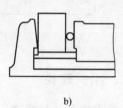

a)　　　　　　b)

图 1-41 加垫片以提高工件的定位精度

8）铣削时，应尽量使水平铣削分力的方向指向固定钳口，如图 1-42 所示。

9）应注意选择工件在平口钳上的安装位置，避免在夹紧时使平口钳单边受力，必要时还要辅加支承垫铁，如图 1-43 所示。

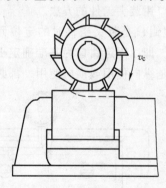

图 1-42 水平铣削分力的方向

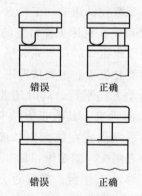

错误　　　正确

错误　　　正确

图 1-43 夹紧时避免平口钳单边受力

10）夹持表面光洁的工件时，应在工件与钳口间加垫片，以防止划伤工件表面。夹持粗糙的毛坯表面时，也应在工件与钳口间加垫片，这样既可以保护钳口，又能提高工件的装夹刚性。上述垫片可用铜或铝等软质材料制作。应指出的是，加垫片后不应影响工件的装夹精度。

11）为保证工件夹紧后，其基准面仍能与固定钳口工作表面很好地贴合，可在活动钳口与工件间加一金属圆棒。使用金属圆棒时，应注意选择垫夹位置高度及其与钳口的平行度。

2. 对刀操作

（1）对刀过程　对刀的过程，就是在机床坐标系中确立工件坐标系具体位置的过程，即让数控系统知道工件原点在什么位置。因为数控加工程序是在工件坐标系中编制的，而刀具进给运动是在机床坐标系中进行的；前者在工件上设定，后者则是在机床上建立的。也就是说，程序的零点在工件坐标系内，而刀具运动的零点在机床坐标系原点上，两者只有建立起确定的位置关系，数控系统才能够正确地按照程序坐标控制刀具的加工轨迹。

（2）对刀方法　对刀的准确性将直接影响加工精度，因此对刀操作一定要仔细，对刀方法一定要与零件的加工精度要求相适应。当零件的加工精度要求较高时，可采用千分表找正对刀。用这种方法对刀时，每次需要的时间较长，效率较低。下面介绍几种常用对刀方法。

1）用寻边器找毛坯的对称中心。

将偏心式寻边器（图1-44）和普通刀具一样装夹在主轴上，起动主轴旋转，转速一般为500r/min。使寻边器靠近被测表面并缓慢与之接触，进一步调整位置，直至偏心式寻边器上、下两部分同轴为止。此时，被测表面的 X 坐标为机床当前 X 坐标值 +（或 -）圆柱半径，同理可获得 Y 坐标。

图 1-44　偏心式寻边器

如图 1-45 所示，将寻边器先后定位到工件正对的两侧表面，记下对应的（X_1，Y_1）和（X_2，Y_2）坐标值，则对称中心在机床坐标系中的坐标为 $[(X_1+X_2)/2, (Y_1+Y_2)/2]$。

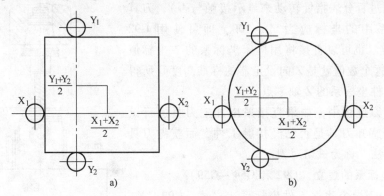

图 1-45　用寻边器找对称中心

2）以毛坯相互垂直的基准边线的交点为对刀位置。

① 如图 1-46a 所示，按 X、Y 轴移动方向键，使刀具圆周刃口接触工件的左侧面，记下此时刀具在机床坐标系中的 X 坐标 X_a；然后按 X 轴移动方向键，使刀具离开工件左侧面。

② 用同样的方法，使刀具圆周刃口接触工件的前侧面，如图 1-46b 所示，记下此时的 Y 坐标 Y_a；最后，让刀具离开工件的前侧面，并将刀具回升到远离工件的位置。

③ 如果已知刀具或寻边器的直径为 D，则基准边线交点处的 X、Y 轴坐标应为 $(X_a + D/2, Y_a + D/2)$，如图 1-46c 所示。

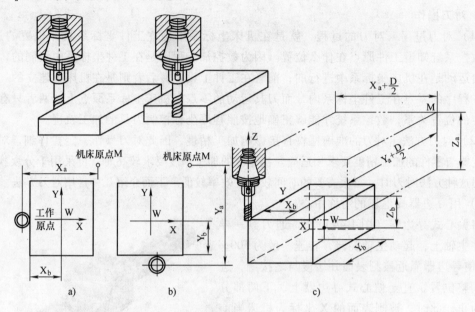

图 1-46 对刀操作时的坐标位置关系

3）Z 向对刀常用方法。以毛坯相互垂直的基准边线的交点为对刀位置为例，进行刀具的 Z 向对刀。

当刀具在 X、Y 方向上的对刀完成后，即可进行 Z 向对刀操作。Z 向对刀点通常以工件的上、下表面为基准，此时可利用 Z 向设定器进行精确对刀，其原理与寻边器相同。如图 1-47 所示，若以工件上表面为 Z = 0 的工件零点，则当刀具下表面与 Z 向设定器接触，指示灯亮时（也可通过百分表指针转动来显示接触与否），刀具在工件坐标系中的坐标应为 Z = 100，即可使用 G92 Z100.0 来设定。也可以直接将用机床坐标系的 Z 坐标值减去 100.0（这个数值就是 Z 向设定器的标准高度）所得到的值作为工件坐标系的 Z 轴零点。

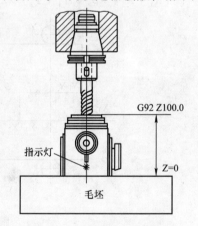

在上述对刀过程中，如果直接采用加工刀具进行试切来使操作者感知刀具是否已经接触工件，而获得刀具参数的对刀方法，称为试切对刀。

3. 工件坐标系的建立（G92 和 G54 ~ G59）

（1）用 G92 指令建立工件坐标系 格式：G92 X_ Y_ Z_；

G92 指令的意义是确定当前刀具刀位点在工件坐标系中的坐标，以此作参照来确立工件原点的位置。

图 1-47 设定刀具 Z 向数据

将各轴移到工作区内的某一位置，屏幕上显示当前刀具在机床坐标系中的坐标为 (X_1, Y_1, Z_1)。此时，如果用 MDI 方式执行程序指令 "G92 X0 Y0 Z0"，就会在系统内部建立工件坐标系，屏幕上将显示出工件原点在机床坐标系中的坐标为 (X_1, Y_1, Z_1)，按 "F9" 键

（显示方式）→坐标系→工件坐标系，将主显示区切换到显示工件坐标系，则显示当前刀具在工件坐标系中的坐标为（0，0，0）；如果执行程序指令"G92 X2 Y2 Z2"，则显示出工件原点在机床坐标系中的坐标为（$X_1 - X_2$，$Y_1 - Y_2$，$Z_1 - Z_2$）；如切换到工件坐标系显示，则显示当前刀具在工件坐标系中的坐标为（X_2，Y_2，Z_2）。在整个程序运行过程时，执行 G92 指令的结果与此相同；再执行 G92 指令时，又将建立新的工件坐标系。如前所述，在执行含有 G92 指令的程序前，必须进行对刀操作，以确保由 G92 指令建立的工件坐标系原点的位置和编程时设定的程序原点的位置一致。

（2）用 G54～G59 指令设定工件坐标系　在机床控制系统中，还可以使用 G54～G59 指令在 6 个预定的工件坐标系中选择当前工件坐标系。当工件尺寸很多且相对具有多个不同的标注基准时，可将其中几个基准点在机床坐标系中的坐标值，通过 MDI 方式预先输入系统中作为 G54～G59 的坐标原点，系统将自动记忆这些点。一旦程序执行到 G54～G59 指令，该工件坐标系原点即为当前程序原点，后续程序段中的绝对坐标均为相对此程序原点的值。

四、操作实践

1. 任务实施

（1）建立工件坐标系　根据所给零件（图 1-48），选择夹具为小型平口钳，采用试切法对刀，用 G54 指令建立工件坐标系，步骤如下：

1）将 ϕ10mm 的立铣刀安装在主轴上，如图 1-48a 所示。

2）擦净钳口，将垫块安装在平口钳上，如图 1-48b 所示。

3）安装工件，注意将工件安装在平口钳的中间位置，如图 1-48c 所示。

4）夹紧工件，注意夹紧过程中应找正工件，如图 1-48d 所示。

5）将旋转的刀具缓慢地靠近工件右侧，在刀具轻微地接触到工件时停止，如图 1-48e 所示。记下此时的 X 坐标值，此处为 X - 43.008，如图 1-48f 所示。

6）将旋转的刀具缓慢地靠近工件左侧，在刀具轻微地接触到工件时停止，如图 1-48g 所示。记下此时的 X 坐标值，此处为 X - 105.676，如图 1-48h 所示。

7）将旋转的刀具缓慢地靠近工件后侧，在刀具轻微地接触到工件时停止，如图 1-48i 所示。记下此时的 Y 坐标值，此处为 Y15.050，如图 1-48j 所示。

8）将旋转的刀具缓慢地靠近工件前侧，在刀具轻微地碰到工件时停止，如图 1-48k 所示。记下此时的 Y 坐标值，此处为 Y - 45.680，如图 1-48l 所示。

9）将旋转的刀具缓慢地靠近工件上表面，在刀具轻微地接触到工件时停止，如图 1-48m 所示。记下此时的 Z 坐标值，此处为 Z - 35.377，如图 1-48n 所示。

10）根据前面介绍的计算方法，X 向坐标值为（- 43.008 - 105.676）/2 = - 74.342；Y 向坐标值为（15.050 - 45.680）/2 = - 15.315；Z 坐标值为 - 35.377。

11）进入 G54 参数设置界面，依次输入 X、Y、Z 坐标值。

12）进入 MDI 界面，输入 G54 指令，如图 1-48o 所示，按"循环启动"按钮调用即可。

（2）工件发生偏移需要重新对刀时坐标系的建立　保存断点后，如果工件发生偏移，则需要重新对刀。在华中数控系统中，可以使用重新对刀功能，重新对刀后继续从断点处开始加工，步骤如下：

1）手动将刀具移动到加工断点处。

图 1-48　建立工件坐标系

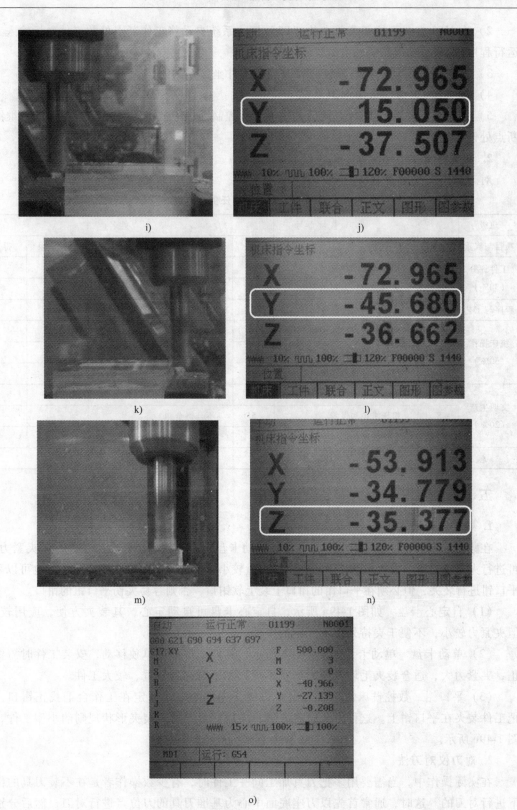

图 1-48 （续）

2）在 MDI 方式下按子菜单中的"F5"键，系统自动将工作断点处的工件坐标输入 MDI 运行程序段。

3）按"循环启动"键，系统将修改当前工件坐标系的原点，完成对刀操作。

4）按"F10"键，退出 MDI 方式。

5）重新对刀并退出 MDI 方式后，按下机床控制面板上的"循环启动"键，即可继续从断点处开始加工。

2. 任务评价

对刀操作任务见表 1-12。

表 1-12　对刀操作任务评价表

班级			学号			姓名		
项目与权重	序号	要求		配分	评分标准		检测记录	得分
工件评分 （30%）	1	能够合理选择夹具		15	选错全扣			
	2	能够答出三种对刀方法		15	每错一处扣 5 分			
程序与工艺	3	无						
机床操作 （50%）	4	对夹具进行准确的找正		10	出错全扣			
	5	工件坐标系建立正确		20	每错一处扣 5 分			
	6	操作过程规范正确		20	每错一处扣 2 分			
文明生产 （20%）	7	安全操作		10	出错全扣			
	8	机床维护和保养		5	不合格全扣			
	9	工作场所整理		5	不合格全扣			
总评分		100			总得分			

五、拓展知识

1. 数控铣床装夹工艺

在数控铣床上，可以采用自定心卡盘或单动卡盘配合垫铁与压板装夹工件，其夹紧力大，可进行大背吃刀量、大扭矩的切削；在背吃刀量较小、切削力不是很大的情况下，也可以采用平口钳进行装夹，但必须在平口钳的钳口上装上软钳口，否则容易夹伤平口钳的钳口。

（1）自定心卡盘　如图 1-49a 所示，自定心卡盘可自动定心，其装夹方便，应用较广，但夹紧力较小，不便于夹持外形不规则的工件。

（2）单动卡盘　单动卡盘如图 1-49b 所示，其四个爪都可单独移动，安装工件时需要找正，夹紧力大，适合装夹毛坯及截面形状不规则和不对称的较重、较大工件。

（3）平口钳　数控铣床常用夹具是平口钳，先把平口钳固定在工作台上找正钳口，再把工件装夹在平口钳上。这种方式装夹方便，应用广泛，适合装夹形状规则的小型工件，如图 1-49c 所示。

2. 对刀仪对刀法

在实际操作中，当需要用多把刀具加工同一工件时，有少数操作者是在不装刀具的情况下进行对刀的。这时，通常首先以刀座底面中心为基准刀具的刀位点进行对刀，然后分别测出各刀具实际刀位点相对于刀座底面中心的位置偏差，填入刀具数据库即可；执行程序时，

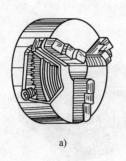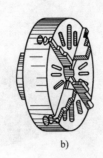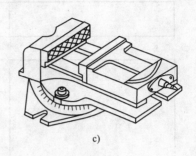

图 1-49　装夹工具

a）自定心卡盘　b）单动卡盘　c）平口钳

由刀具补偿指令功能来实现各刀具位置的自动调整。多数操作者则首先通过各种方法获得一把标准刀具的参数，然后通过专业对刀仪来获取其他加工刀具与标准刀具的直径和长度差值，接着经过计算通过数控系统直接输入每把刀具的数据。这种对刀方法称为机外对刀法，也称对仪对刀法。

获取对刀数据后，可通过执行指令 G92 X __ Y __ Z __ 来建立工件坐标系或用 G54 ~ G59 指令预置工件坐标系，工件坐标系中各坐标轴的方向和机床坐标系一致。

六、综合练习

1. 将如图 1-50 所示零件装夹到 SV-08M 小型数控铣床上，并采用试切法在工件下表面中心处建立工件坐标系。

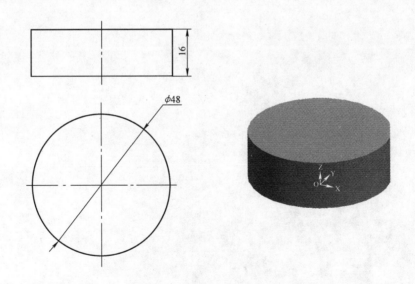

图 1-50　对刀操作技能训练零件图（一）

2. 将如图 1-51 所示零件装夹到 SV-08M 小型数控铣床上，并采用试切法在工件上表面左下角处建立工件坐标系。

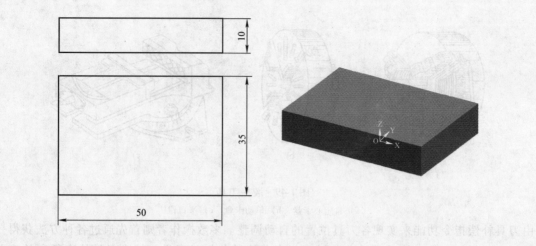

图 1-51　对刀操作技能训练零件图（二）

单元二　外轮廓零件加工

任务一　平面加工

一、学习目标

1）了解平面类零件的外形及加工工艺特点。
2）掌握数控编程基本知识。
3）能够分析平面加工工艺。
4）掌握常用编程指令。

二、任务分析

用规格为 50mm×50mm×10mm 的亚克力毛坯，加工如图 2-1 所示的零件。本课题的主要内容为平面的加工，平面加工工艺的安排是本课题的重点。

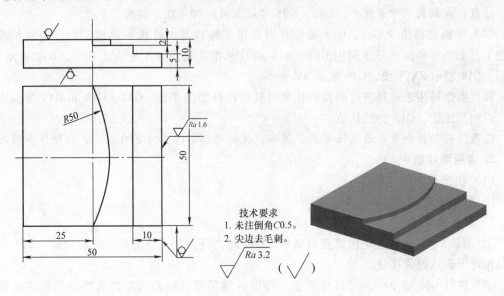

图 2-1　平面加工零件图

此零件的加工部位主要是台阶面，首先加工 R50mm 所在的平面，然后加工高度为5mm、宽度为 10mm 的矩形平面。

三、相关理论

1. 数控编程规则

（1）小数点编程　对于数字的输入，有些系统可以省略小数点（如华中系统），而大部分系统不可以省略小数点（如 FAUNC 系统）。对于不可以省略小数点的编程系统，数字以

mm［寸制为 in，角度为（°）］为输入单位；不用小数点输入时，以机床的最小输入为输入单位。

（2）米、寸制编程　坐标功能字是使用米制还是寸制，多数系统用准备功能字来选择；华中系统则采用 G21/G20 进行米、寸制的切换，其中 G21 表示米制，G20 表示寸制。例如：

G20 G01 X10　　　　*刀具向 X 轴正向移动 10in*

G21 G01 X10　　　　*刀具向 X 轴正向移动 10mm*

米、寸制对旋转轴无效，旋转轴的单位总是（°）。

（3）绝对坐标（G90）与增量坐标（G91）

1）指令格式：G90/G91 X ＿ Z ＿

2）指令说明

① G90 为绝对编程，每个编程坐标轴上的编程值是相对于程序原点而言的；G91 为增量编程，每个编程坐标轴上的编程值是相对于前一个位置而言的，该值等于沿坐标轴移动的有向距离。

② 绝对编程时，用 G90 指令后面的 X、Z 分别表示 X 轴、Z 轴的坐标值；增量编程时，用 U、W 或 G91 后面的 X、Z 分别表示 X 轴、Z 轴的增量值。其中，表示增量的字符 U、W 不能用于循环指令 G80、G81、G82、G71、G72、G73 和 G76 程序段中，但可以用于定义精加工轮廓的程序。

注意：在新的华中系统中，G90、G91 可以在同一程序段中使用。

（4）平面选择指令 G17、G18 和 G19　当机床坐标系及工件坐标系确定后，也就相应地确定了三个坐标平面，可分别用 G17、G18 和 G19 指令选择加工平面。其中，G17 表示 XY 平面，G18 表示 ZX 平面，G19 表示 YZ 平面。

该组指令可用于选择进行圆弧插补和刀具半径补偿的平面。G17、G18 和 G19 为模态功能，可相互注销，G17 为默认值。

注意：移动指令与平面选择无关。例如，执行指令 G17 G01 Z10 时，Z 轴照样会移动。

2. 常用编程指令

（1）快速点定位（G00）

1）指令格式：G00 X ＿ Y ＿ Z ＿

2）指令说明：

① X、Y、Z 为快速定位终点的坐标，G90 时为终点在工件坐标系中的坐标，G91 时为终点相对于起点的位移量。

② 执行 G00 指令时，刀具相对于工件以各轴预先设定的速度，从当前位置快速移动到程序段指令的定位目标点，其快移速度由机床参数"快移进给速度"对各轴分别设定，不能由 F 指定。G00 一般用于加工前快速定位或加工后快速退刀，快移速度可由面板上的快速修调旋钮进行修正。

③ G00 为模态功能，可由 G01、G02、G03 或 G34 功能注销。

注意：执行 G00 指令时，由于各轴以各自的速度移动，不能保证各轴同时到达终点，因而联动直线轴的合成轨迹不一定是直线。操作者必须格外小心，以免刀具与工件发生碰撞。常见的做法是将 Z 轴移动到安全高度后，再执行 G00 指令。

（2）直线插补指令（G01）

1）指令格式：G01 X ＿ Y ＿ Z ＿ F ＿

2）指令说明：

①　X、Y、Z 为线性进给终点坐标，在 G90 时为终点在工件坐标系中的坐标，在 G91 时为终点相对于起点的位移量。

②　F 用于指令合成进给速度。

③　G01 指令刀具以联动的方式，按 F 指令的合成进给速度，从当前位置按线性路线（联动直线轴的合成轨迹为直线）移动到程序段指令的终点。

④　G01 是模态代码，可由 G00、G02、G03 或 G34 功能注销。

（3）圆弧插补指令 G02/G03

1）指令格式：

G02（03）X ＿ Y ＿ R ＿

G02（03）X ＿ Y ＿ I ＿ J ＿

2）指令说明：

①　G02 表示顺时针圆弧插补，G03 表示逆时针圆弧插补。圆弧插补 G02/G03 的判断，是在加工平面内，根据其插补时的旋转方向为顺时针还是逆时针来区分的。

②　X、Y 为绝对编程时，圆弧终点在工件坐标系中的坐标。

③　I、J 为圆心相对于圆弧起点的增量（等于圆心的坐标减去圆弧起点的坐标）。在绝对和增量编程时，都以增量方式指定。

④　R 为圆弧半径。

3）圆弧半径的确定。圆弧半径 R 有正值和负值之分：当圆弧圆心角小于或等于 180°（劣弧）时，程序中的 R 用正值表示；当圆弧圆心角大于 180°且小于 360°（优弧）时，R 用负值表示。

（4）螺旋线

1）指令格式：G17 G02 X ＿ Y ＿ I ＿ J ＿ Z ＿ F ＿ L ＿

2）指令说明

①　X、Y 为螺旋线投射到 G17 二维坐标平面内的圆弧终点坐标；Z 为螺旋线在第三坐标轴上的投影距离（旋转角小于或等于 360°）。

②　I、J 为在 G17 二维坐标平面内，圆心相对于圆弧起点的增加量（等于圆心坐标减去圆弧起点坐标）。

③　F 为圆弧进给速度。

④　L 为螺旋线圈数（第三坐标轴上投影距离为增量值时有效）。

（5）自动返回参考点（G28）

1）指令格式：G28 X（U）＿ Z（W）＿

2）指令说明：

①　X、Z 为绝对编程时，中间点在工件坐标系中的坐标。

②　U、W 为增量编程时，中间点相对于起点的位移量。

③　G28 指令首先使所有编程轴快速定位到中间点，然后从中间点返回参考点。

④　G28 指令一般用于自动换刀或消除机械误差，在执行该指令之前，应取消刀尖半径补偿。

（6）坐标系的选择 G54 ~ G59

1）G54 ~ G59 是系统预定的 6 个坐标系，可根据需要任意选用。

2）加工时，坐标系的原点必须设为工件坐标系原点在机床坐标系中的坐标值，否则加工出的产品将存在误差或报废，甚至出现事故。

3）这 6 个预定工件坐标系原点在机床坐标系中的值（工件零点的偏移量）可用 MDI 方式输入，这样系统自动记忆。

4）工件坐标系一旦选定，后续程序段中绝对值编程时的指令值均为相对此坐标系原点的值。

5）G54 ~ G59 为模态功能，可相互注销，G54 为默认值。

（7）M 指令

1）非模态 M 功能（当段有效代码）。只在书写了该代码的程序段中有效。

2）模态 M 功能（续效代码）。一组可相互注销的 M 功能，这些功能在被同一组的另一个功能注销前一直有效。

常用 M 指令的功能见表 2-1。

表 2-1　常用 M 指令的功能

代码	状态	功能说明	代码	状态	功能说明
M00	非模态	程序停止	M03	模态	主轴正转起动
M01	非模态	选择停止	M04	模态	主轴反转起动
M02	非模态	程序结束	M05	模态	主轴停止转动
M30	非模态	程序结束返回程序起点	M07	模态	切削液打开
M98	非模态	调用子程序	M08	模态	切削液打开
M99	非模态	子程序结束	M09	模态	切削液关闭

四、操作实践

1. 确定加工工艺

（1）加工方式　采用立铣。

（2）加工设备　SV-08M 小型数控铣床。

（3）毛坯　材料为亚克力，规格为 50mm × 50mm × 10mm。

（4）加工刀具　ϕ10mm 立铣刀。

（5）加工路线　加工路线如图 2-2 所示。

（6）夹具的选用　选用机床用平口钳装夹零件。

2. 填写工序卡片

数控加工工艺卡片见表 2-2，数控加工刀具卡片见表 2-3。

3. 编制加工程序

（1）确定工件坐标系　选择零件上表面中心为工件坐标系 X、Y 轴交点，以工件上表面为 Z 轴原点，建立工件坐标系。

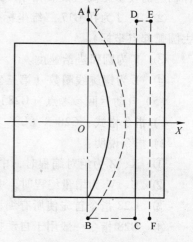

图 2-2　加工路线

表 2-2　数控加工工艺卡片

数控加工工艺卡片				工序号		工序内容	
				1		铣削平面	
				零件名称	材料	夹具名称	使用设备
				台阶面	亚克力	平口钳	SV-08M 小型数控铣床
工步号	程序号	工步内容	刀具号	刀具规格/mm	主轴转速/(r/min)	进给量/(mm/min)	背吃刀量/mm	备　注
1	%0001	铣削 R50mm 平面	1	φ10	800	50	2	
2	%0001	铣削矩形平面	1	φ10	800	50	3	

表 2-3　数控加工刀具卡片

刀具号	刀具规格/mm	数量	加工内容	主轴转速/(r/min)	进给量/(mm/min)	备注
T01	φ10 立铣刀	1	铣削平面	800	50	

（2）确定基点坐标　编制程序前，需要计算每一个基点坐标的数值：A 点（0，30）→ B 点（0，-30）→C 点（15，-30）→D 点（15，30）→E 点（20，30）→F 点（20，-30）。

（3）填写加工程序单　根据设定的工件坐标系和确定的基点编制加工程序，并将其填入加工程序单，见表 2-4。

表 2-4　加工程序单

程序号	加工程序	程序说明
	%0001	程序号
N10	G54 G90 G17	程序初始化
N20	M03 S800 F50	主轴正转
N30	G00 X0 Y0	快速到达毛坯上面一点，确定对刀准确
N40	Z20	
N50	G01 X0 Y30	刀具移动到 A 点，下降到 Z = -2mm
N60	Z-2	
N70	G02 X0 Y-30 R50	加工圆弧到 B 点
N80	G01 X15 Y-30	刀具移动到 C 点，准备切除多余材料
N90	Y30	加工到 D 点
N100	G01 X20 Y30	移动到 E 点
N110	G01 Z-5	降刀到 Z = -5mm
N120	X20 Y-30	加工到 F 点
N130	G00 Y-40	退刀
N140	G00 Z30	
N150	M30	程序结束

4. 输入程序

通过操作面板，将程序逐句输入控制系统中。

5. 装夹和对刀

（1）装夹   将工件夹持到平口钳上，工件伸出钳口 7mm。

（2）对刀   采用试切法确定工件坐标原点在机床坐标系中的位置，并将其坐标输入机床 G54 中的相应位置。

6. 程序校验和加工轨迹仿真

加工前，利用机床本身的校验功能校验程序并观察加工轨迹，校验无误后方可加工。

7. 自动加工

校验无误后，按下"自动加工"按钮，再按"循环启动"按钮，开始自动加工零件。

8. 检测

加工结束后，利用测量工具检测工件尺寸。

9. 任务评价

平面加工任务评价见表 2-5。

表 2-5   平面加工任务评价表

班级			学号			姓名		
检测项目		要求		配分	评分标准		检测结果	得分
机床操作	1	按步骤开机、检查、润滑		2	不正确无分			
	2	回机床参考点		2	不正确无分			
	3	按程序格式输入程序，检查及修改程序		2	不正确无分			
	4	检查加工轨迹		2	不正确无分			
	5	工件、夹具、刀具的安装		2	不正确无分			
	6	按指定方式对刀		2	不正确无分			
	7	检查对刀		2	不正确无分			
外轮廓	8	50mm	$Ra1.6\mu m$	8/4	每超差 0.01mm 扣 4 分，降级无分			
	9	50mm	$Ra3.2\mu m$	8/4	每超差 0.01mm 扣 4 分，降级无分			
	10	10mm	$Ra3.2\mu m$	8/4	每超差 0.01mm 扣 4 分，降级无分			
圆弧	11	$R50mm$	$Ra3.2\mu m$	6/4	超差、降级无分			
	12	2mm	$Ra3.2\mu m$	6/4	超差、降级无分			
矩形	13	50mm		4	超差无分			
	14	10mm		4	超差无分			
	15	5mm		4	超差无分			
其他	16	未注倒角		3	不符合无分			
	17	安全操作规程		15	违反一次扣 5 分，总分 15 分			
总评分				100	总得分			

五、拓展知识

斜面是零件上与基准面成一定角度的平面。铣削斜面的常用方法如下：

1）把工件转成所需角度铣削斜面。

2）把铣刀转成所需角度铣削斜面。

3）用角度铣刀铣削斜面。

其中，转动工件铣削斜面的方法通常有以下三种：

1）按划线找正工件，使工件转动一个要求的角度后铣削斜面。此方法仅适用于单件或小批生产。

2）用万能虎钳和万能转台装夹工件，使工件转动一个要求的角度后铣削斜面。此方法一般适合铣削较小的斜面或复合斜面。

3）用倾斜垫铁和专用夹具装夹工件，使工件转动一个要求的角度后铣削斜面。此方法适用于成批和大量生产。

六、综合练习

1. 采用毛坯为 50mm×50mm×10mm 的亚克力板，在小型数控铣床上加工如图 2-3 所示的零件，试编写其加工程序并进行加工。

2. 采用毛坯为 50mm×50mm×16mm 的亚克力板，在小型数控铣床上加工如图 2-4 所示的零件，试编写其加工程序并进行加工。

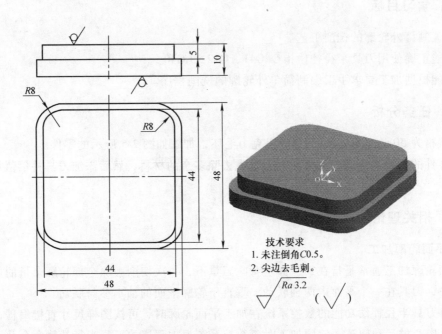

图 2-3 平面加工练习零件图（一）

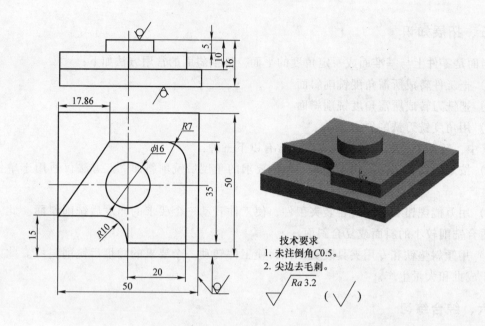

图 2-4 平面加工练习零件图（二）

任务二 外轮廓加工

一、学习目标

1）能制订外轮廓的铣削工艺。

2）能正确使用刀具半径补偿指令 G41、G42 和 G40。

3）能根据加工要求手工编制简单外轮廓的铣削程序。

二、任务分析

用规格为 50mm×50mm×10mm 亚克力毛坯，加工如图 2-5 所示的零件。

此零件的主要加工部位为外轮廓。首先去除多余的材料，然后添加刀具补偿值加工外轮廓。

三、相关理论

1. 平面轮廓加工

平面轮廓加工通常是指在某一固定背吃刀量下，一次切削去除全部轮廓余量的加工。加工过程中，刀具在一个平面内两轴联动，垂直于轮廓平面的轴不参与联动。

具有刀具半径补偿功能的数控系统在加工平面轮廓时，可按图样尺寸直接编程，不需要计算刀具中心的运动轨迹。轮廓加工时，数控系统根据程序的刀具半径补偿命令及刀具半径补偿值自动偏置一个刀具半径值，保证刀具侧刃始终与工件轮廓相切。此时，刀具中心轨迹是工件轮廓的等距线，其距离为一个刀具半径值。

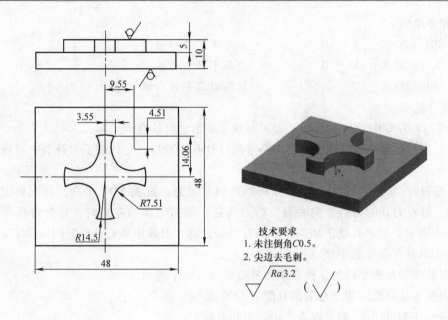

图 2-5　外轮廓加工零件图

2. 轮廓加工路线

（1）铣削方式　用圆柱铣刀加工表面时，根据铣刀运动方向不同，有顺铣和逆铣之分。

1）顺铣。铣削加工时一般优先选用顺铣。因为顺铣时工件的进给方向与铣刀旋转方向相同，背吃刀量由大变小直至切削终了为零。所以顺铣在提高加工表面质量和刀具使用寿命方面有突出的优点，适用于铝合金、镁合金、钛合金和耐热合金等材料的加工。

2）逆铣。逆铣时，工件的进给方向与铣刀旋转方向相反，背吃刀量由零逐渐增大至切削终了时达到最大值。逆铣时由于切削挤压的原因，刀片和切削层之间的强烈摩擦和高温使刀片的磨损加剧。逆铣一般应用于工件待加工表面有硬化层或刀具长度比较大的情况，或者毛坯为钢铁材料锻件或铸件，表皮硬且余量较大时。

（2）刀具的切入、切出位置　连续铣削轮廓，特别是加工圆弧时，要注意安排好刀具的切入和切出位置，尽量避免交接处重复加工，否则会出现明显的加工界限痕迹。用圆弧插补方式铣削外整圆时，应安排刀具从切向进入圆周铣削加工，当整圆加工完毕后，不要在切入点直接退刀，而是要让刀具多运动一段距离，最好沿切线方向退刀。铣削内整圆时，也要遵从切向切入原则，并安排切入、切出过渡圆弧。

3. 刀具半径补偿（G41、G42 和 G40）

在实际加工中，为确保工件轮廓形状，加工时必须使铣刀刀尖的圆弧运动轨迹与被加工工件的轮廓重合。而编程时，为了避免复杂的数值计算，一般按零件的实际轮廓来编写程序，但机床运行时，是以铣刀的中心点为切削点进行加工的，所以应与工件轮廓偏置一个半径值，这种偏置称为刀具半径补偿。

（1）刀具半径补偿的种类　刀具半径补偿分为刀具半径左补偿（左刀补 G41）和刀具半径右补偿（右刀补 G42），取消刀具半径补偿时使用 G40 指令。

（2）刀具半径补偿指令（以 G17 加工 XY 平面为例）

1）指令格式：

G41 G01/G00 X ___ Y ___ D ___   刀具半径左补偿

G42 G01/G00 X ___ Y ___ D ___   刀具半径右补偿

G40 G01/G00 X ___ Y ___   取消刀具半径补偿

2）指令说明：

① X、Y 为 G01/G00 的参数，即刀补建立或取消时的终点坐标。

② D 为对刀时机床刀补表中的刀补号码（D00～D99），它代表了刀补表中对应的半径补偿值。

③ 编程时，刀具半径补偿偏置方向的判别方法为：俯视 XOY 平面，首先确定刀具的运行方向，沿着刀具的运行方向去看，当刀具处于加工轮廓的左侧时，称为刀具半径左补偿，用 G41 表示；当刀具处于加工轮廓的右侧时，称为刀具半径右补偿，用 G42 表示。

（3）刀具补偿的注意事项

1）刀具半径补偿平面的切换必须在补偿取消方式下进行。

2）刀具半径补偿的建立与取消只能用 G00 或 G01 指令。

3）G40、G41 和 G42 都是模态代码，可相互注销。

4. 刀补的建立与取消

（1）刀补的建立 刀补的建立是指刀具从起点接近工件时，刀具圆弧刃的圆心从与编程轨迹重合过渡到与编程轨迹偏离一个偏置量的过程。该过程的实现必须与 G00 或 G01 功能在一起才有效。

（2）刀补进行 在 G41 或 G42 程序段后，程序进入补偿模式，此时刀具圆弧刃的圆心与编程轨迹始终相距一个偏置量，直到取消刀补为止。

（3）刀补取消 刀具离开工件，刀具圆弧刃的圆心轨迹过渡到与编程轨迹重合的过程称为刀补取消。

5. 刀具半径补偿的应用

1）可直接按工件轮廓编程，避免了刀具中心轨迹的计算，减轻了编程工作量。

2）刀具更换后不需要修改程序，只需修改刀具半径补偿值。

3）可利用刀具半径补偿值控制加工余量及工件轮廓的尺寸精度。

4）利用刀具半径补偿功能，通过修改刀补值可以加工不同尺寸的具有相似轮廓的零件，也可以用同一个程序加工两个凹凸配合的零件。

四、操作实践

1. 确定加工工艺

（1）加工方式 采用立铣。

（2）加工设备 SV-08M 小型数控铣床。

（3）毛坯 材料为亚克力，规格为 50mm×50mm×10mm。

（4）加工刀具 φ6mm 立铣刀。

（5）加工路线 加工路线如图 2-6 所示。

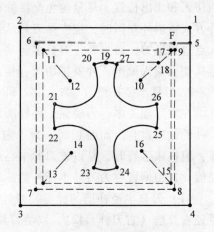

图 2-6 外轮廓加工路线

（6）夹具选用　选用机床用平口钳装夹零件。

2. 填写工序卡片

零件数控加工工艺卡片　见表 2-6，数控加工刀具卡片见表 2-7。

表 2-6　数控加工工艺卡片

数控加工工艺卡片			工序号		工序内容	
			1		铣削平面	
			零件名称	材料	夹具名称	使用设备
			台阶面	亚克力	平口钳	SV-08M 小型数控铣床
工步号	程序号	工步内容	刀具号	刀具规格 /mm	主轴转速 /(r/min)	进给量 /(mm/min)	背吃刀量 /mm	备注
1	%0002	铣削外轮廓	1	φ6	800	50	5	

表 2-7　数控加工刀具卡片

刀具号	刀具规格/mm	数量	加工内容	主轴转速/(r/min)	进给量/(mm/min)	备注
T01	φ6mm 立铣刀	1	铣削外轮廓	800	50	

3. 编制加工程序

（1）确定工件坐标系　选择零件两对称轴的交点为工件坐标系 X、Y 轴交点，以工件上表面为 Z 轴原点，建立工件坐标系。

（2）确定基点坐标　编制程序前，需要计算每个基点坐标的数值，铣刀中心轨迹点的坐标为：1 点（24, 24）→2 点（−24, 24）→3 点（−24, −24）→4 点（24, −24）→5 点（24, 20）→6 点（−20, 20）→7 点（−20, −20）→8 点（20, −20）→9 点（20, 18）→10 点（9, 9）→9 点（20, 18）→11 点（−18, 18）→12 点（−9, 9）→11 点（−18, 18）→13 点（−18, −18）→14 点（−9, −9）→13 点（−18, −18）→15 点（18, −18）→16 点（9, −9）→15 点（18, −18）→17 点（18, 18）→18 点（14.5, 14.5）→19 点（0, 14.5）→20 点（−3.55, 14.06）→21 点（−14.06, 3.55）→22 点（−14.06, −3.55）→23 点（−3.55, −14.51）→24 点（3.55, −14.51）→25 点（14.06, −3.55）→26 点（14.06, 3.55）→27 点（3.55, 14.51）→20 点（−3.55, 14.06）。

（3）填写加工程序单　根据设定的工件坐标系和确定的基点编制加工程序，并将其填入加工程序单，见表 2-8。

表 2-8　加工程序单

程序号	加工程序	程序说明
	%0002	程序号
N10	G54 G90 G17	程序初始化
N20	M03 S800 F50	主轴正转
N30	G00 X0 Y0	快速到达毛坯上面一点，确定对刀准确
N40	Z20	
N50	G00 X30 Y30	刀具移动到安全点，下降到 Z = −5mm，准备加工
N60	G01 Z−5	

（续）

程序号	加工程序	程序说明
	%0002	程序号
N70	G01 X24 Y24	
N80	G01 X – 24	
N90	Y – 24	
N100	X24	去除正方形多余毛坯料
N110	Y20	
N120	X – 20	
N130	Y – 20	
N140	X20	
N150	Y18	
N160	X9 Y9	
N170	X120 Y18	
N180	X – 18	
N190	X – 9 Y9	
N200	X – 18 Y18	
N210	Y – 18	去除 $R7.51\text{mm}$ 圆心处的多余毛坯料
N220	X – 9 Y – 9	
N230	X – 18 Y – 18	
N240	X18	
N250	X9 Y – 9	
N260	X18 Y – 18	
N270	Y18	
N280	G01 G42 X14.5 Y14.5 D01	逆时针加工，用右刀补
N290	G01 X0 Y14.5	
N300	G03 X – 3.55 Y14.06 R14.5	
N310	G02 X – 14.06 Y3.55 R7.51	
N320	G03 Y – 3.55 R14.5	
N330	G02 X – 3.55 Y – 14.51 R7.51	
N340	G03 X3.55 R14.5	加工外轮廓圆弧线
N350	G02 X14.06 Y – 3.55 R7.51	
N360	G03 Y3.55 R14.5	
N370	G02 X3.55 Y14.06 R7.51	
N380	G03 X0 Y14.5 R14.5	
N390	Y50	
N400	X50	加工结束退刀
N410	G00 Z30	
N420	M05	程序结束
N430	M30	

4. 输入程序

通过操作面板，将程序逐句输入控制系统。

5. 装夹和对刀操作

（1）装夹　将工件夹持到平口钳上，工件伸出钳口 7mm。

（2）对刀　采用试切法确定工件坐标原点在机床坐标系中的位置，将坐标位置输入机床 G54 中的相应位置。

6. 程序校验和加工轨迹仿真

加工前，利用机床本身的校验功能校验程序并观察加工轨迹，校验无误后方可加工。

7. 自动加工

校验无误后，按下"自动加工"按钮，再按"循环启动"按钮，开始自动加工零件。

8. 检测

加工结束后，利用测量工具检测工件尺寸。

9. 任务评价

外轮廓加工任务评价见表 2-9。

表 2-9　外轮廓加工任务评价

班级			学号			姓名		
检测项目		要求		配分	评分标准		检测结果	得分
机床操作	1	按步骤开机、检查、润滑		2	不正确无分			
	2	回机床参考点		2	不正确无分			
	3	按程序格式输入程序，检查及修改程序		2	不正确无分			
	4	检查加工轨迹		2	不正确无分			
	5	工件、夹具、刀具的安装		2	不正确无分			
	6	按指定方式对刀		2	不正确无分			
	7	检查对刀		2	不正确无分			
外轮廓	8	48mm	$Ra3.2\mu m$	8/4	每超差 0.01mm 扣 4 分，降级无分			
	9	48mm	$Ra3.2\mu m$	8/4	每超差 0.01mm 扣 4 分，降级无分			
	10	10mm	$Ra3.2\mu m$	8/4	每超差 0.01mm 扣 4 分，降级无分			
圆弧	11	$R7.51mm$	$Ra3.2\mu m$	6/4	超差、降级无分			
	12	$R14.5mm$	$Ra3.2\mu m$	6/4	超差、降级无分			
内轮廓	13	3.55mm		4	超差无分			
	14	9.55mm		4	超差无分			
	15	5mm		4	超差无分			
其他	16	未注倒角		3	不符合无分			
	17	安全操作规程		15	违反一次扣 5 分，总分 15 分			
总评分				100	总得分			

五、拓展知识

使用刀具半径补偿指令时的注意事项如下：

1）使用 G41 或 G42 时，后面不带参数，其补偿号由 T 指令指定。

2）采用切线切入或法线切入方式建立或取消刀补。

3）为了防止在刀具半径补偿建立与取消的过程中刀具产生过切现象，在建立与取消补偿时，程序段的起始位置与终止位置最好与补偿方向在同一侧。

4）在刀具补偿模式下，一般不允许存在连续两段以上的补偿平面内有非移动指令，否则刀具会出现过切等危险动作。非移动指令包括 G、M、S、F、T 指令的程序段及程序暂停程序段（如 G04 X10.0）。

5）选择刀尖圆弧偏置方向和刀沿位置时，要特别注意前置刀架和后置刀架的区别。

六、综合练习

1. 采用毛坯为 50mm×50mm×16mm 的亚克力板，在小型数控铣床上加工如图 2-7 所示的零件，试编制加工程序并进行加工。

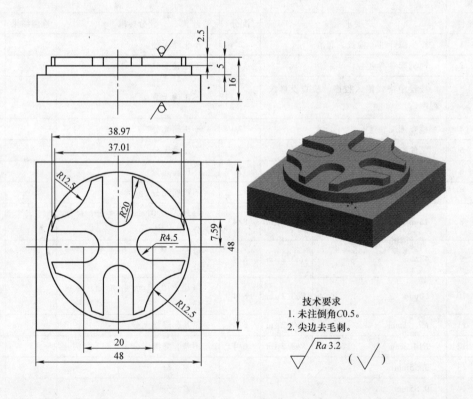

图 2-7　外轮廓加工练习零件图（一）

2. 采用毛坯为 50mm×50mm×10mm 的亚克力板，在小型数控铣床上加工如图 2-8 所示的零件，试编制加工程序并进行加工。

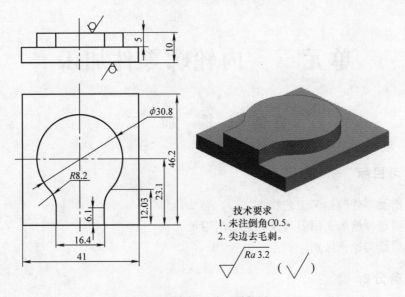

技术要求
1. 未注倒角C0.5。
2. 尖边去毛刺。

$\sqrt{Ra\,3.2}$　$(\sqrt{\ })$

图 2-8　外轮廓加工练习零件图（二）

单元三　内轮廓零件加工

任务一　槽　加　工

一、学习目标

1）掌握槽类零件的加工工艺特点。
2）能正确选择槽加工用刀具及确定切削用量。
3）掌握顺铣与逆铣区别。

二、任务分析

用规格为 50mm×50mm×10mm 的亚克力毛坯，加工如图 3-1 所示的零件。本课题主要训练用键槽铣刀加工键槽的技能，要求制订加工工艺、选择刀具、编制铣削加工程序并进行加工。

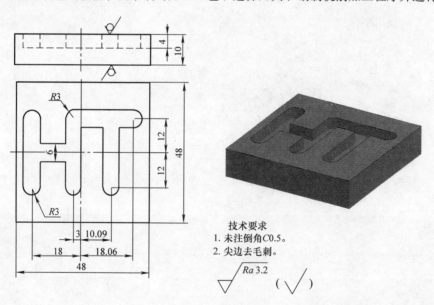

技术要求
1. 未注倒角C0.5。
2. 尖边去毛刺。

图 3-1　槽加工零件图

该零件的主要加工部位是上表面的"HT"形槽，分析加工部位，应使用铣床加工该零件，并且不能一次铣削完成，需要多次抬刀铣削或重复走刀铣削。

三、相关理论

1. 槽类零件的加工方法

（1）轨迹法　轨迹法切削实际上就是成形切削。刀具按槽的形状沿单一轨迹运动，刀具轨迹与刀具形状合成为槽的形状。槽的尺寸取决于刀具的尺寸。槽两侧表面，一面为顺铣，一面为逆铣，因此两侧的加工质量不同。

（2）型腔法 为克服轨迹法切削的缺点，可把槽看作细长的型腔，进行型腔加工。先粗加工去除多余材料，并留精加工余量，然后进行精加工，精加工余量由半精加工刀具尺寸决定。

（3）SF 切削法 SF 切削法就是斜向进给切削法。其刀具轴线垂直于 XY 平面，但进给方向与 XY 平面成一定角度，此时的轴向进给量即为背吃刀量。SF 切削法的特点是加工效率高，能抑制刀具振动，易排屑，但需要使用专用刀，故普及面不是非常广。

2. 顺铣与逆铣的区别

（1）切削厚度的变化

1）逆铣。逆铣时，刀齿由内向外切削，每个刀齿的切削厚度由零增至最大，刀齿从已加工表面切入，对铣刀的使用有利。但切削刃并非绝对锋利，铣刀刃口处总有圆弧存在，铣刀刀齿在接触工件后不能马上切入金属层，而是在工件表面滑行一小段距离。在滑行过程中，强烈的摩擦会产生大量的热量，导致待加工表面易形成硬化层，从而降低了刀具的使用寿命，影响了工件的表面质量，给切削带来了不利。

2）顺铣。顺铣时，刀齿开始和工件接触时切削厚度最大，之后逐渐减小，且从表面硬质层开始切入，刀齿受很大的冲击负荷，铣刀变钝较快，但刀齿切入过程中没有滑移现象。同时，顺铣也有利于排屑。

一般应尽量采用顺铣法加工，以提高被加工零件的表面质量，保证尺寸精度。但是，当切削面上有硬质层、积渣，或工件表面的凹凸不平较显著时，应采用逆铣法。

（2）切削力方向的影响

1）垂直切削分力的影响。顺铣时，作用于工件上的垂直切削分力始终压下工件，这对工件的夹紧有利；逆铣时，垂直切削分力的方向向上，有将工件抬起的趋势，易引起振动，影响工件的夹紧，铣削薄壁和刚度差的工件时影响更大。

2）纵向切削分力的影响。铣床工作台的移动是由丝杠螺母传动的，而丝杠螺母间有螺纹间隙。顺铣时，工件受到的纵向切削分力与进给运动的方向相同，而主运动的速度一般大于进给速度，因此，纵向切削分力有使接触的螺纹传动面分离的趋势。当铣刀切到材料上的硬质点或因切削厚度变化等原因引起纵向切削分力增大，超过工作台进给摩擦阻力时，原来螺纹副推动的运动形式变成了由铣刀带动工作台窜动的运动形式，引起进给量突然增加。这种窜动现象不但会引起"扎刀"而损坏加工表面；严重时还会使刀齿折断，或使工件或夹具移位，甚至损坏机床。

逆铣时，工件受到的纵向切削分力与进给运动的方向相反，丝杠螺母的传动工作面始终接触，由螺纹副推动工作台运动。因此，在不能消除丝杠螺母间隙的铣床上，只宜采用逆铣，不宜采用顺铣。

由上可知，与逆铣相比，顺铣具有以下特点：

1）顺铣时刀具寿命长。

2）顺铣时表面质量好。

3）顺铣时夹紧力比逆铣时小。

4）顺铣时容易造成工件窜动。

相比较而言，顺铣比逆铣更优越。因此，当铣床工作台具有丝杠螺母间隙的调整装置、工件表面无硬皮时，应采用顺铣。但是，一般铣床目前还没有消除工作台丝杠螺母间隙的装置，所以生产中仍多采用逆铣。

四、操作实践

1. 确定加工工艺

（1）加工方式　采用立铣方式。

（2）加工设备　SV-08M 小型数控铣床。

（3）毛坯　材料为亚克力，规格为 50mm ×
50mm×10mm。

（4）加工刀具　ϕ6mm 立铣刀。

（5）工艺路线　如图 3-2 所示，加工路线为 A→
I，图中虚线为重复走刀。

（6）夹具选用　选用机床用平口钳装夹零件。

2. 填写工序卡片

零件数控加工工艺卡片见表 3-1，数控加工刀具
卡片见表 3-2。

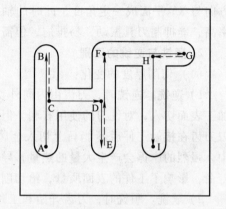

图 3-2　槽加工路线

表 3-1　数控加工工艺卡片

数控加工工艺卡片			工序号		工序内容	
			1		铣槽	
			零件名称	材料	夹具名称	使用设备
			HT 形槽	亚克力	平口钳	SV-08M 小型数控铣床
工步号	程序号	工步内容	刀具号	刀具规格/mm	主轴转速/(r/min)	进给量/(mm/min)	背吃刀量/mm	备注
1	%0003	铣槽	1	ϕ6	800	10	4	

表 3-2　数控加工刀具卡片

刀具号	刀具规格/mm	数量	加工内容	主轴转速/(r/min)	进给量/(mm/min)	备注
T01	ϕ6 立铣刀	1	铣削 HT 形槽	800	10	

3. 编制加工程序

（1）确定工件坐标系　选择零件两条中心线的交点为工件坐标系 X、Y 轴的原点，工件
上表面为 Z 轴原点，建立工件坐标系。

（2）确定基点坐标　编制程序之前需要计算每个基点的坐标值。根据图 3-2 经过简单计
算，各基点坐标为 A 点（-18，-12）、B 点（-18，12）、C 点（-18，0）、D 点（-3，
0）、E 点（-3，-12）、F 点（-3，12）、G 点（18，12）、H 点（10，12）、I 点（10，-
12）。

（3）填写加工程序单　根据设定的工件坐标系和确定的基点编制加工程序，并将其填
入加工程序单，见表 3-3。

表 3-3 加工程序单

加工程序	程序说明	加工程序	程序说明
%0003	程序名	X-3 Y0	直线插补
G54 G90 G40 G17	建立坐标系，绝对坐标，取消刀补	X-3 Y-12	直线插补
		X-3 Y12	直线插补
M03 S800	主轴正转，转速为800r/min	X18 Y12	直线插补
G00 Z20	Z轴快速点定位到工件上端面20mm处	X10 Y12	直线插补
		X10 Y-12	直线插补
X-18 Y-12	快速定位到A点	Z5	加工完毕，Z轴抬刀
Z5	快速进刀至5mm	G00 X30 Y30	回起刀点
G01 Z-4 F10	直线插补至槽深	Z25	
X-18 Y12 F50	开始按轨迹加工	M05	主轴停止
X-18 Y0	直线插补	M30	程序结束，返回开始

4. 输入程序

通过操作面板，将程序逐句输入控制系统。

5. 装夹与对刀操作

1）将平口钳安装在机床工作台上，找正后拧紧平口钳螺母。

2）将工件夹持在平口钳上，工件伸出钳口5mm，保证有足够的加工空间，然后夹紧工件。

3）用试切法确定工件坐标系原点在机床坐标系中的位置。将工件坐标系原点在机床坐标系中的位置坐标输入G54中的相应位置，也可以用G55～G59预置坐标系。

6. 程序校验及加工轨迹仿真

加工前，利用机床本身的校验功能校验程序并观察加工轨迹，校验无误后方可加工。

7. 自动加工

当程序校验无误后，调用相应程序开始自动加工零件。

8. 检测

选用游标卡尺对工件进行检测，确定其尺寸是否符合图样要求。对超差尺寸在可以修复的情况下应继续加工，直至符合图样要求为止。

9. 任务评价

槽加工任务评价见表3-4。

表 3-4 槽加工任务评价

班级			学号			姓名		
检测项目		要求	配分		评分标准		检测结果	得分
机床操作	1	按步骤开机、检查、润滑	2		不正确无分			
	2	回机床参考点	2		不正确无分			
	3	按程序格式输入程序，检查及修改程序	2		不正确无分			
	4	检查加工轨迹	2		不正确无分			

（续）

检测项目		要求		配分	评分标准	检测结果	得分
机床操作	5	工件、夹具、刀具的安装		2	不正确无分		
	6	按指定方式对刀		2	不正确无分		
	7	检查对刀		2	不正确无分		
外轮廓	8	48mm×48mm×10mm	$Ra3.2\mu m$	5/2	每超差 0.01mm 扣 2 分，降级无分		
内轮廓	9	$R3mm$		24	超差无分		
	10	18mm		10	超差无分		
	11	12mm		10	超差无分		
	12	10mm		5	超差无分		
	13	4mm		5	超差无分		
	14	3mm		5	超差无分		
其他	15	加工程序单		10	不符合无分		
	16	工艺卡片		10	不正确无分		
	17	安全操作规程			违反一次扣 5 分，总分 15 分		
总 评 分				100	总 得 分		

五、知识拓展

常用下刀方法有直接下刀、斜插式下刀和螺旋式下刀等。

（1）直接下刀　键槽铣刀为两刃（端面刃和圆柱面刃），主要是端面刃参与切削，能直接垂直下刀。

（2）斜插式下刀　用立铣刀加工采用斜插式下刀时，按具有斜度的走刀路线切入工件——坡走下刀。在工件的两个切削层之间，立铣刀从上一层沿斜线切入工件到下一层位置。背吃刀量应小于刀片尺寸，坡的角度 α 的计算公式为

$$\tan\alpha = \alpha_p / L_p$$

式中　　α_p——背吃刀量；

L_p——坡的长度。

（3）螺旋式下刀　用立铣刀加工采用螺旋式下刀时，首先快速定位到孔中心，然后快速定位到 R 点，采用 G02/G03 指令沿螺纹线切削至孔底。为保证加工质量，可以沿圆弧底部铣削一周回到孔中心。

六、综合练习

1. 采用毛坯为 50mm×50mm×10mm 的亚克力板，在小型数控铣床上加工如图 3-3 所示的零件，试编写其加工程序并进行加工。

2. 采用毛坯为 50mm×50mm×10mm 的亚克力板，在小型数控铣床上加工如图 3-4 所示的零件，试编写其加工程序并进行加工。

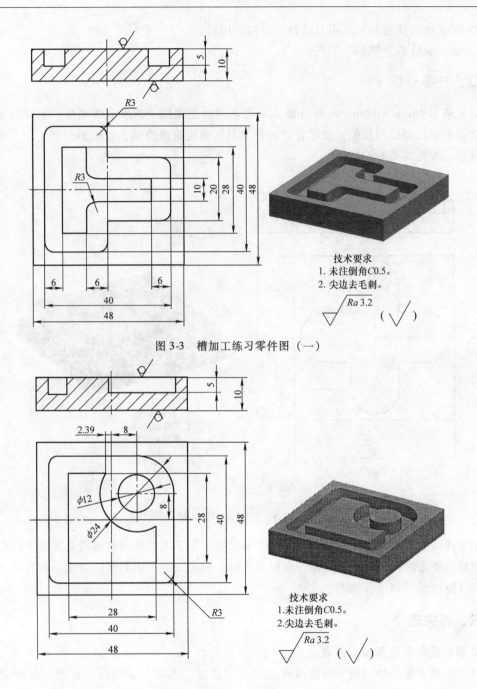

图 3-3　槽加工练习零件图（一）

图 3-4　槽加工练习零件图（二）

任务二　型腔加工

一、学习目标

1）掌握型腔类零件的加工工艺特点。

2）能正确选择型腔加工用刀具及确定切削用量。

3）能正确分析型腔加工工艺。

二、任务分析

用规格为 48mm×48mm×10mm 亚克力毛坯，加工如图 3-5 所示的零件。本课题主要训练用立铣刀加工型腔的技能。要求合理选择刀具、确定进给路线，正确编制加工工艺和铣削加工程序，并完成型腔的加工。

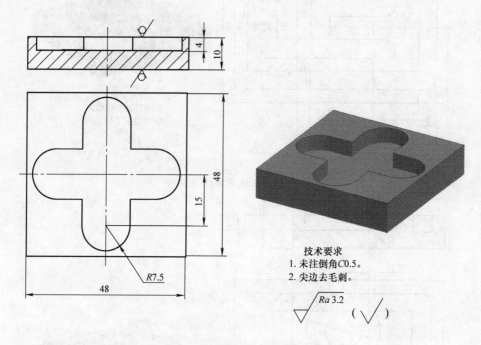

技术要求
1. 未注倒角C0.5。
2. 尖边去毛刺。

图 3-5　型腔加工零件图

此零件的主要加工部位为上平面的十字形型腔，除了零件的内侧面需要加工外，中间的残留余量也要去除。在对本任务零件进行加工时，应先去除中间的残留余量，然后向外扩至尺寸，以防出现"崩齿"现象。

三、相关理论

1. 型腔的类型及其加工特点

（1）简单型腔　加工简单型腔时可采用分层切削，把每一层的切入点统一到沿 Z 轴的一根轴线上，沿此轴预钻入刀孔，底面与侧面都要留有余量。精加工时，先加工底面，后加工侧面。

（2）岛屿形型腔　岛屿形型腔是指在简单型腔底面上凸起一个小岛屿。粗加工时，让刀具在内、外轮廓的中间区域运动，并使底面、内轮廓和外轮廓留有均匀余量。精加工时，先加工底面，再加工两侧面。

（3）槽类型腔　槽类型腔是指简单型腔底面下还有槽。它的加工方法是两简单型腔加工的组合，先粗加工各型腔，留出余量，再统一精加工各表面。

2. 型腔的加工路线

铣削型腔加工路线一般分为行切、环切及行切加环切三种。行切是刀具在工件表面上来回往复的走刀方式，环切是指刀具走环形路线。从走刀路线的长短来看，行切优于环切；但在加工小面积内槽时，环切的程序量比行切小。在实际加工过程中，一般都是行切和环切的综合应用。

确定加工路线时，应合理地确定起刀点与退刀点。一般铣削封闭的内轮廓表面时，若内轮廓曲线允许外延，则应沿切线方向切入和切出；若内轮廓曲线不允许外延，则刀具只能沿内轮廓曲线的法向切入和切出，此时，刀具的切入和切出点应尽量选在内轮廓曲线两几何元素的交点处。当内部几何元素相切无交点时，为防止刀具在轮廓拐角处留下凹口，刀具切入、切出点应远离拐角。

四、操作实践

1. 确定加工工艺

（1）加工方式 零件的主要加工部位是型腔内侧面，采用立铣方式。

（2）加工设备 SV-08M 小型数控铣床。

（3）毛坯 材料为亚克力，规格为 50mm × 50mm × 10mm。

（4）加工刀具 ϕ6mm 立铣刀。

（5）加工路线 如图 3-6 所示，加工路线为 A→B，C→D，O→E→F→G→H→I→O。

（6）夹具选用 选用机床用平口钳装夹零件。

2. 填写工序卡片

零件数控加工工艺卡片见表 3-5，数控加工刀具卡片见表 3-6。

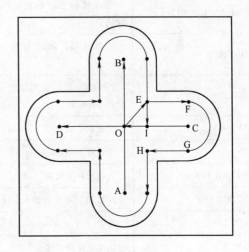

图 3-6 型腔加工路线

表 3-5 数控加工工艺卡片

数控加工工艺卡片			工序号		工序内容	
			1		铣槽	
			零件名称	材料	夹具名称	使用设备
			型腔	亚克力	平口钳	SV-08M 小型数控铣床
工步号	程序号	工步内容	刀具号	刀具规格/mm	主轴转速/(r/min)	进给量/(mm/min)	背吃刀量/mm	备注
1	%0004	铣槽	1	ϕ6	800	10	4	

表 3-6 数控加工刀具卡片

刀具号	刀具规格/mm	数量	加工内容	主轴转速/(r/min)	进给量/(mm/min)	备注
T01	ϕ6 立铣刀	1	铣削十字槽	800	10	

3. 编制加工程序

（1）确定工件坐标系　选择零件两中心线的交点为工件坐标系 X、Y 轴原点，工件上表面为 Z 轴原点，建立工件坐标系。

（2）确定基点坐标　编制程序之前需要计算每个基点的坐标。根据图 3-6，经过简单计算，各基点坐标为 A 点（0，-15）、B 点（0，15）、C 点（15，0）、D 点（-15，0）、O 点（0，0）、E 点（7.5，7.5）、F 点（15，7.5）、G 点（15，-7.5）、H 点（7.5，-7.5）、…、I 点（7.5，0）。

（3）填写加工程序单　根据设定的工件坐标系和确定的基点编制加工程序，并将其填入加工程序单，见表 3-7。

表 3-7　加工程序单

加工程序	程序说明	加工程序	程序说明
%0004	程序名	X15 Y7.5	直线插补至 F 点
G54 G90 G40 G17	建立坐标系，绝对坐标，取消刀补	G02 X15 Y-7.5 R7.5	圆弧插补至 G 点
		G01 X7.5 Y-7.5	直线插补至 H 点
M03 S800	主轴正转，转速为 800r/min	G01 X7.5 Y-15	直线插补
		G02 X-7.5 Y-15 R7.5	圆弧插补
G00 Z20	Z 轴快速点定位到工件上端面 20mm 处	G01 X-7.5 Y-15	直线插补
		G01 X-15 Y-7.5	直线插补
X0 Y-15	快速定位到 A 点	G02 X-15 Y7.5 R7.5	圆弧插补
Z5	快速进刀至 5mm	G01 X-7.5 Y7.5	直线插补
G01 Z-4 F10	直线插补至槽深	G01 X-7.5 Y15	直线插补
X0 Y15 F50	开始加工 A 至 B 槽	G02 X7.5 Y15 R7.5	圆弧插补
G00 Z5	抬刀	G01 X0 Y7.5	直线插补至 O 点
X15 Z0	快速定位到 C 点	G40 X0 Y0	取消刀补
G01 Z-4 F10	直线插补至槽深	G01 Z5	加工完毕，Z 轴抬刀
X-15 Y0	开始加工 C 至 D 槽	G00 X30 Y30	回起刀点
X0 Y0	直线插补至 O 点	Z25	
G42 G01 X7.5 Y7.5 D01	直线插补至 F 点加刀补	M05	主轴停止
		M30	程序结束，返回开始

4. 输入程序

通过操作面板在"EDIT"模式下，将程序逐句输入控制系统。

5. 装夹与对刀操作

1）将平口钳安装在机床工作台上，找正后拧紧平口钳螺母。

2）将工件夹持在平口钳上，工件伸出钳口 5mm，保证有足够加工空间，然后夹紧工件。

3）用试切法确定工件坐标系原点在机床坐标系中的位置。将工件坐标系原点在机床坐标系中的位置坐标输入 G54 中的相应位置，也可以用 G55～G59 预置坐标系。

6. 程序校验及加工轨迹仿真

7. 自动加工

当程序校验无误后，调用相应程序开始自动加工零件。

8. 检测

选用游标卡尺对工件进行检测，确定其尺寸是否符合图样要求。对超差尺寸在可以修复的情况下应继续加工，直至符合图样要求为止。

9. 任务评价

型腔加工任务评价见表3-8。

表 3-8　型腔加工任务评价

班级			学号			姓名	
检测项目		要求		配分	评分标准	检测结果	得分
机床操作	1	按步骤开机、检查、润滑		2	不正确无分		
	2	回机床参考点		2	不正确无分		
	3	按程序格式输入程序，检查及修改程序		2	不正确无分		
	4	检查加工轨迹		2	不正确无分		
	5	工件、夹具、刀具的安装		2	不正确无分		
	6	按指定方式对刀		2	不正确无分		
	7	检查对刀		2	不正确无分		
外轮廓	8	48mm×48mm×10mm	$Ra1.6\mu m$	5/2	每超差 0.01mm 扣 2 分，降级无分		
内轮廓	9	$R7.5mm$		24	超差无分		
	10	15mm		10	超差无分		
	11	10mm		5	超差无分		
	12	4mm		5	超差无分		
其他	13	加工程序单		20	不正确无分		
	14	工艺卡片		15	不正确无分		
	15	安全操作规程			违反一次扣 5 分，总分 15 分		
总 评 分				100	总 得 分		

五、知识拓展

粗加工时，可将刀具实际半径再加上精加工余量作为刀具半径补偿值；精加工时，则输入刀具实际半径值。这样可使粗、精加工采用同一个程序对轮廓进行粗、精加工。

六、综合练习

1. 采用毛坯为 50mm×50mm×10mm 的亚克力板，在小型数控铣床上加工如图 3-7 所示的零件，试编写其加工程序并进行加工。

2. 采用毛坯为 50mm×50mm×10mm 的亚克力板，在小型数控铣床上加工如图 3-8 所示的零件，试编写其加工程序并进行加工。

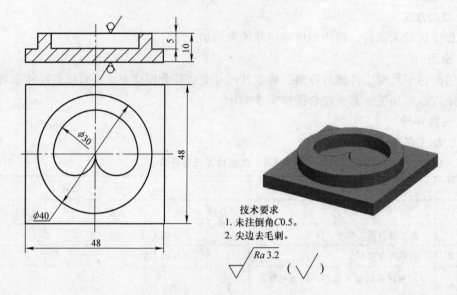

技术要求
1. 未注倒角C0.5。
2. 尖边去毛刺。

$\sqrt{Ra\,3.2}$　$(\sqrt{})$

图 3-7　型腔加工练习零件图（一）

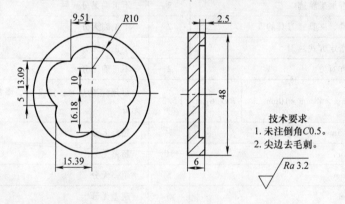

技术要求
1. 未注倒角C0.5。
2. 尖边去毛刺。

$\sqrt{Ra\,3.2}$

图 3-8　型腔加工练习零件图（二）

单元四　数控铣床简化编程指令应用

任务一　子程序编程

一、学习目标

1）掌握子程序的概念及应用特点。

2）掌握应用子程序简化编程的方法。

二、任务分析

用规格为 50mm×50mm×10mm 亚克力毛坯，加工如图 4-1 所示的零件，试编制其加工程序并进行加工。

该零件采用分层切削加工凹槽，分层切削每层的走刀轨迹相同，背吃刀量不同，可采用调用子程序的方法简化编程，以避免多次编写重复走刀轨迹及缩短程序长度。

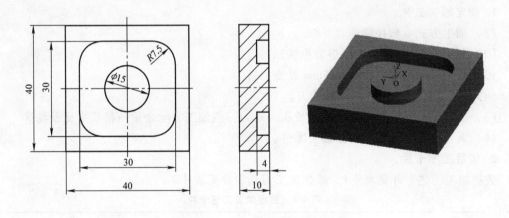

图 4-1　子程序编程零件图

三、相关理论

1. 子程序的概念

（1）子程序的定义　机床的加工程序可以分为主程序和子程序两种。

1）主程序。主程序是一个完整的零件加工程序或是零件加工程序的主体部分，它与被加工零件或加工要求一一对应，不同的零件或不同的加工要求都有唯一的主程序。

2）子程序。在编制加工程序的过程中，有时会遇到一组程序段在一个程序中多次出现，或者在几个程序中都要使用它。这个典型的加工程序可以做成固定程序，并单独命名，使用时调用即可，这组程序段称为子程序。

（2）子程序的嵌套　为了进一步简化加工程序，可以允许其子程序再调用另一个子程序，这一功能称为子程序的嵌套。

2. 子程序的格式

在大多数数控系统中，子程序和主程序并无本质区别，它们在程序号及程序内容方面基本相同，仅结束标记不同。主程序用 M02 或 M30 表示其结束，子程序在华中数控系统中用 M99 表示其结束，并实现自动返回主程序功能。

3. 子程序的调用

子程序调用格式为 M98　P××××-L××××。例如：

$$M98\quad P100\quad L5\quad 或\quad M98\quad P100$$

其中，地址符 P 后面的四位数字为子程序号，地址符 L 后面的数字表示重复调用次数，子程序号及调用次数前的 0 可省略不写。如果只调用子程序一次，则地址符 L 及其后的数字可省略。

4. 使用子程序时的注意事项

1）主程序中的模态 G 代码可被子程序中同一组的其他 G 代码所更改。例如，主程序中的 G90 被子程序中的 G91 更改，则从子程序返回时主程序也变为 G91 状态。

2）主程序应简洁明了，尽量在子程序中调用刀补数据，以免刀补出现混乱。

四、操作实践

1. 确定加工工艺

（1）加工方式　数控铣削。

（2）加工设备　SV-08M 小型数控铣床。

（3）毛坯　50mm×50mm×15mm 亚克力板。

（4）加工刀具　φ6mm 三刃端铣刀。

（5）工艺路线　测量毛坯→装夹找正→对刀→粗加工去除余量→精铣平面及轮廓。

（6）夹具选用　选用平口钳装夹零件。

2. 填写工序卡片

数控加工工艺卡片见表 4-1，数控加工刀具卡片见表 4-2。

表 4-1　数控加工工艺卡片

数控加工工艺卡片	工序号		工序内容		
	1		子程序编制		
	零件名称	材料	夹具名称		使用设备
	子程序编制	亚克力	平口钳		SV-08M 小型数控铣床
工步号	工步内容	刀具号	刀具规格/mm	主轴转速/(r/min)	进给量/(mm/min)	背吃刀量/mm	备注
1	铣削四边至尺寸	T01	φ6 立铣刀	1000	100	5	
2	铣削凹槽	T01	φ6 立铣刀	1000	50	2	

表 4-2　数控加工刀具卡片

刀具号	刀具规格/mm	数量	加工内容	主轴转速 / (r/min)	进给量 / (mm/min)
T01	φ6mm 立铣刀	1	铣削四边至尺寸	1000	100
T01	φ6mm 立铣刀	1	铣削凹槽	1000	50

3. 编制加工程序

（1）确定工件坐标系　选择零件两中心线的交点为工件坐标系 X、Y 轴的原点，工件上表面为 Z 轴原点，建立工件坐标系，如图 4-2 所示。

（2）确定基点坐标　编制程序前需要计算每个基点的坐标。根据图 4-2 经简单计算，基点坐标为 A（0，－7.5）、B（15，0）、C（15，－7.5）、D（7.5，－15）、E（－7.5，－15）、F（－15，－7.5）、G（－15，7.5）、H（－7.5，15）、I（7.5，15）、J（15，7.5）。

（3）填写加工程序单（表 4-3）

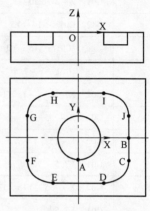

图 4-2　工件坐标系

表 4-3　加工程序单

程序号	加工程序	程序说明
	%0005	程序名
N10	G90　G40　G21　G94　G17	程序初始化
N20	G91　G28　Z0	Z 轴回参考点
N30	G90　G54　M03　S1000	调用坐标系
N40	G00　X0　Y0	点定位
N50	Z20	
N60	G01　X11　F100	
N70	Z0	
N80	M98　P0006　L2	调用子程序 2 次
N90	G90　G00　Z20	Z 轴抬刀
N100	G91　G28　Z0	Z 轴回参考点
N110	M30	主程序结束
N120	%0006	子程序名
N130	G91　G01　Z－2　F50	进刀 2mm
N140	G90　G41　G01　X7.5　Y－7.5　D01	加工圆
N150	G01　X0　Y－7.5	
N160	G02　X0　Y－7.5　I0　J7.5	
N170	G40　G01　X－7　Y－10.5	

（续）

程序号	加工程序		程序说明
	% 0005		程序名
N180	G00　Z20		点定位
N190	G00　X7.5　Y10.5		
N200	G01　Z－2　F50		
N210	G42　G01　X14　Y5　D01		
N220	G01　X15　Y0		
N230	G01　Y－7.5		
N240	G02　X7.5　Y－15　I-7.5　J0		
N250	G01　X－7.5		
N260	G02　X－15　Y－7.5　I0　J7.5		加工凹槽
N270	G01　Y7.5		
N280	G02　X－7.5　Y15　I7.5　J0		
N290	G01　X7.5		
N300	G02　X15　Y7.5　I0　J-7.5		
N310	G01　Y0		
N320	G40　G01　X11　Y0		
N330	M99		子程序结束

4. 输入程序

通过操作面板在"EDIT"模式下输入加工程序。

5. 装夹和对刀

1）将平口钳安装在机床工作台上。

2）将工件夹持在平口钳上。

3）用试切法确定工件坐标系原点在机床坐标系中的位置，并将其坐标输入机床 G54 中的相应位置。

6. 程序校验及加工轨迹仿真

使用机床数控系统的程序校验功能进行程序校验，并进行刀具轨迹仿真。

7. 自动加工

正确选择加工程序进行加工。可在程序起始阶段单段运行，以大致确认对刀是否正确，确认无干涉等情况后即可正常加工。

8. 检测

根据图样要求对零件进行检测，如不合格，应找出原因，并修改程序、刀补值、切削用量等参数重新加工，直到加工出合格的零件为止。

9. 任务评价

子程序编制任务评价见表 4-4。

表 4-4　子程序编制任务评价表

班级		学号		姓名		
检测项目	要求	配分	评分标准		检测结果	得分
零件主要尺寸	各尺寸在公差范围内	30	公差在 ±0.05mm 范围内			
表面粗糙度	所有加工表面粗糙度符合要求	10	每降一级扣 2 分			
安全文明生产	着装规范，未发生受伤等事故	3	违反全扣			
	刀具、工具、量具放置在合理位置	3	不合理全扣			
	工件装夹、刀具安装规范	3	不规范全扣			
	卫生、设备保养规范	3	不合格全扣			
	关机后机床停放位置合理	3	不合理全扣			
	未严重违反操作规程，未发生重大安全事故	9	较为严重的违反操作规程行为全扣，发生重大安全事故停止训练			
操作规范	开机前的检查和开机顺序正确	3	不正确全扣			
	正确对刀和建立工件坐标系	3	不正确全扣			
	正确设置参数	3	不合理全扣			
	正确仿真、校验程序	3	不正确全扣			
程序编制	指令使用正确，程序完整	3	指令使用不正确、程序不完整全扣			
	正确运用刀具半径补偿和长度补偿功能	3	不正确全扣			
	数值计算正确	3	不正确全扣			
	使用子程序简化程序	3	不使用子程序全扣			
工艺合理	工件定位和夹紧合理	2	不合理全扣			
	会找正夹具和工件	2	不正确全扣			
	加工顺序合理	2	不合理全扣			
	刀具选择合理	3	不合理全扣			
	关键工序安排存在错误	3	存在错误全扣			
总评分		100	总得分			

五、知识拓展

子程序调用的特殊用法如下：

（1）自动返回程序开始段　如果在主程序中执行 M99，则程序将返回主程序的开始程序段，并继续执行主程序。

（2）子程序返回主程序中的某一程序段　如果在子程序的返回指令中加上 Pn 指令，则子程序在返回主程序时，将返回主程序中程序段段号为 n 的那个程序段，而不直接返回主程序。其程序格式为 M99 Pn，例如：

M99　P100　　　　　　　　　　　　　　　　返回 N100 程序段

（3）强制改变子程序重复执行次数　M99　L__指令可强制改变子程序重复执行的次数，其中，L__表示子程序调用的次数。例如，如果主程序用 M98　P__　L99，而子程序采用 M99 L2 返回，则子程序重复执行的次数为 2 次。

六、综合练习

用规格为 50mm×50mm×10mm 亚克力毛坯，加工如图 4-3 所示的零件，试编写其加工程序并进行加工。

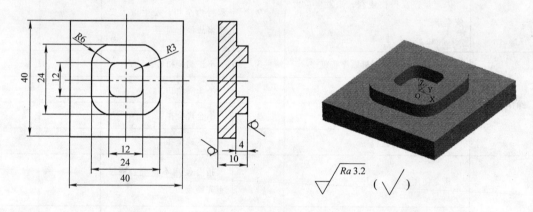

图 4-3　子程序编制练习零件图

任务二　镜 像 加 工

一、学习目标

1）了解具有对称几何形状零件的特点。

2）能够合理分析零件的加工工艺。

3）能合理选择刀具及加工参数。

4）能合理使用镜像指令编程。

二、任务分析

用 50mm×50mm×15mm 的亚克力毛坯，加工如图 4-4 所示的零件，试编制其加工程序并进行加工。

该零件具有四个对称的凸台加工部位，通过对图形的分析可知，使用镜像功能可极大地

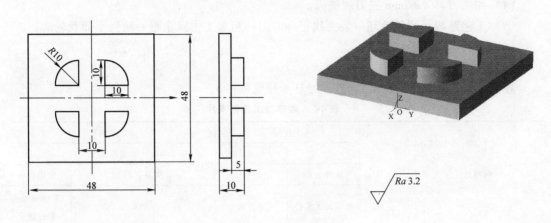

图 4-4　镜像加工零件图

简化编程。

三、相关理论

1. 镜像编程的概念

镜像编程也称轴对称加工编程，它是将数控加工刀具的轨迹关于某坐标轴进行镜像变换，从而形成加工轴对称零件的刀具轨迹。对称轴（或镜像轴）可以是 X 轴或 Y 轴，也可以关于原点对称。

2. 镜像功能

镜像功能可改变刀具轨迹沿任一坐标轴的运动方向，它能给出对应工件坐标原点的镜像运动。如果只有 X 轴或 Y 轴的镜像，将使刀具沿相反方向运动。此外，如果在圆弧加工中只指定了一轴镜像，则 G02 与 G03 作用会反过来，左、右刀具半径补偿 G41 与 G42 也会反过来。

3. 镜像指令（G24、G25）

（1）指令格式

G24　X __　Y __　Z __　A __

M98　P __

G25　X __　Y __　Z __　A __

（2）格式说明

1）G24 为建立镜像，G25 为取消镜像。G24 和 G25 均为模态指令，可相互注销，G25 为默认值。

2）X、Y、Z、A 为镜像位置。

四、操作实践

1. 确定加工工艺

（1）加工方式　数控铣削。

（2）加工设备　SV-08M 小型数控铣床。

（3）毛坯　50mm×50mm×15mm 亚克力板。

（4）加工刀具　φ6mm 三刃端铣刀。

（5）工艺路线　测量毛坯→装夹找正→对刀→粗加工去除余量→精铣平面及轮廓。

（6）夹具选用　平口钳。

2. 填写工序卡片

数控加工工艺卡片见表 4-5，数控刀具卡片见表 4-6。

表 4-5　数控加工工艺卡片

数控加工工艺卡片	工序号		工序内容	
	1		镜像加工	
	零件名称	材料	夹具名称	使用设备
	镜像加工零件	亚克力	平口钳	SV-08M 小型数控铣床
工步号	工步内容	刀具号	刀具规格/mm	主轴转速/（r/min）	进给量/（mm/min）	背吃刀量/mm	备注
1	粗铣削去余量	T01	φ6 立铣刀	900	50	5	
2	精铣轮廓	T01	φ6 立铣刀	900	50	5	

表 4-6　数控加工刀具卡片

刀具号	刀具规格/mm	数量	加工内容	主轴转速/（r/min）	进给量/（mm/min）
T01	φ6 立铣刀	1	凸台轮廓及平面	900	50

3. 编制加工程序

（1）确定工件坐标系　根据零件尺寸及几何特点，选取零件几何对称中心为工件坐标系零点。

（2）填写加工程序单（表 4-7）

表 4-7　加工程序单

程序号	加工程序	程序说明
	％0007	程序名
N10	G54　G17　G90　G21	程序初始化
N20	G00　Z10	抬刀到安全点
N30	M03　S900	起动主轴
N40	M98　P1231	调用子程序去除余量
N50	M98　P1232	调用子程序加工凸台
N60	G24　X0	建立镜像
N70	M98　P1232	加工凸台
N80	G24　Y0	加工凸台
N90	M98　P1232	加工凸台
N100	G25　X0	加工凸台
N110	M98　P1232	加工凸台

（续）

程序号	加工程序		程序说明
	%0007		程序名
N120	G25 X0 Y0		取消镜像
N130	G00 Z20		
N140	M30		程序结束
N150	%1231		去除余量子程序
N160	G00 X30 Y−30		
N170	Z2		
N180	G01 Z−5 F10		
N190	X23 Y−24 F50		
N200	Y23		
N210	X−23		
N220	Y−23		去除余量
N230	X19		
N240	Y19		
N250	X−19		
N260	Y−19		
N270	X25		
N280	G00 Z10		
N290	M99		返回主程序
N300	%1232		加工凸台子程序
N310	G00 X24 Y0		
N320	Z2		
N330	G01 Z−5 F10		
N340	G41 X15 Y5 D01 F50		
N350	X5		
N360	Y15		加工凸台轮廓
N370	G02 X15 Y5 R10 G00 Z10		
N380	G40 X24		
N390	M99		

4. 输入程序

通过操作面板在"EDIT"模式下输入加工程序。

5. 装夹和对刀

1）将平口钳安装在机床工作台上。

2）将工件夹持在平口钳上。

3）用试切法确定工件坐标系原点，使用 G54 坐标系。

6. 程序校验及加工轨迹仿真

使用机床数控系统的程序校验功能进行程序校验，并进行刀具轨迹仿真。

7. 自动加工

正确选择加工程序进行加工。可在程序起始阶段单段运行，以大致确认对刀是否正确，确认无干涉等情况后即可正常加工。

8. 检测

根据图样要求对零件进行检测，如不合格，应找出原因，并修改程序、刀补值、切削用量等参数重新加工，直到加工出合格的零件为止。

9. 任务评价

镜像加工任务评价见表 4-8。

表 4-8 镜像加工任务评价表

班级		学号		姓名	
检测项目	要求	配分	评分标准	检测结果	得分
零件主要尺寸	各尺寸在公差范围内	30	公差在 ±0.05mm 范围内		
表面粗糙度	所有加工表面粗糙度符合要求	10	每降一级扣 2 分		
安全文明生产	着装规范，未发生受伤等事故	3	违反全扣		
	刀具、工具、量具放置在合理位置	3	不合理全扣		
	工件装夹、刀具安装规范	3	不规范全扣		
	卫生、设备保养规范	3	不合格全扣		
	关机后机床停放位置合理	3	不合理全扣		
	未严重违反操作规程，未发生重大安全事故	9	较为严重的违反操作规程行为全扣，发生重大安全事故停止训练		
操作规范	开机前的检查和开机顺序正确	3	不正确全扣		
	正确对刀和建立工件坐标系	3	不正确全扣		
	正确设置参数	3	不合理全扣		
	正确仿真、校验程序	3	不正确全扣		
程序编制	指令使用正确，程序完整	3	指令使用不正确、程序不完整全扣		
	正确运用刀具半径补偿和长度补偿功能	3	不正确全扣		
	数值计算正确	3	不正确全扣		
	使用子程序简化程序	3	不使用子程序全扣		
工艺合理	工件定位和夹紧合理	2	不合理全扣		
	会找正夹具和工件	2	不正确全扣		
	加工顺序合理	2	不合理全扣		
	刀具选择合理	3	不合理全扣		
	关键工序安排存在错误	3	存在错误全扣		
总评分	100		总得分		

五、知识拓展

机械加工的发展趋势是高效率、高精度、高柔性和绿色化，切削加工的发展方向是高速切削加工，在发达国家，它正成为切削加工的主流。现在，切削速度可高达 8000m/min，材料切除率达 150～1500cm³/min，超硬刀具材料的硬度达 3000～8000HV，强度达 1000MPa，加工精度可达 0.1μm，干（准）切削日益得到广泛应用。随着切削速度提高，切削力降低了 25%～30%，切削温度的提高逐步缓慢，生产率提高，生产成本降低。

高速切削技术不只是一项先进技术，它的发展和推广应用还将带动整个制造业的进步和效益的提高。在国外，自 20 世纪 30 年代德国 Salomon 博士提出高速切削理念以来，经过半个世纪的探索和研究，随着数控机床和刀具技术的进步，高速切削技术于 20 世纪 80 年代末至 90 年代初开始得到应用并快速发展，广泛应用于航空航天、汽车、模具制造业，用来加工铝、镁合金、钢、铸铁及其合金、超级合金及碳纤维增强塑料等复合材料，其中加工铸铁和铝合金最为普遍。

高速切削技术在国内起步较晚，20 世纪 80 年代中期，我国开始研究陶瓷刀具高速切削淬硬钢并在生产中得到应用，其后引起了人们对高速切削加工的普遍关注，目前主要还是以高速工具钢、硬质合金刀具为主，硬质合金刀具的切削速度为 100～200m/min，高速工具钢刀具的切削速度在 40m/min 以内。汽车、模具、航空和工程机械制造业进口了一大批数控机床和加工中心，国内也生产了一批数控机床，随着对高速切削技术的深入研究，这些行业有些已逐步开始应用高速切削加工技术，并取得了很好的经济效益。

六、综合练习

用 50mm×50mm×10mm 的亚克力毛坯，加工如图 4-5 所示的零件，试编写其加工程序并进行加工。

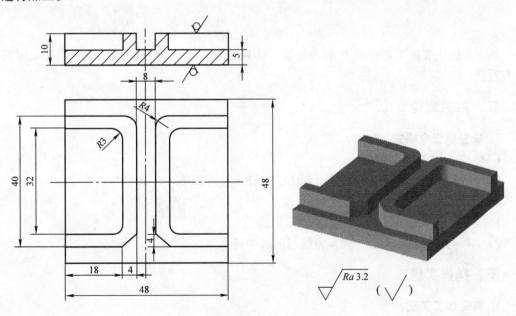

图 4-5　镜像加工练习零件图

任务三 极坐标加工

一、学习目标

1）掌握应用极坐标编程的加工特点。

2）能够正确对零件的加工工艺进行分析。

3）能够熟练应用极坐标编程。

二、任务分析

用规格为 50mm × 50mm × 15mm 的亚克力毛坯，加工如图 4-6 所示的零件，试编写其加工程序并进行加工。

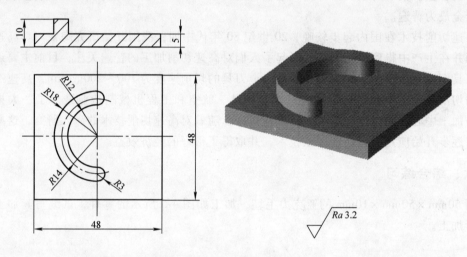

图 4-6　极坐标加工零件图

该零件的主要加工部位是 C 形外轮廓，为减少编程工作量，提高准确性，可采用极坐标编程。

三、相关理论

1. 极坐标指令格式

G38　X ＿　Y ＿

G01　AP = ＿　RP = ＿或 G02（G03）　AP = ＿　RP = ＿　R ＿

2. 指令说明

1）X、Y 为极点在工件坐标系中的坐标值。

2）AP = 为终点的极角，RP = 为终点的极半径。

四、操作实践

1. 确定加工工艺

（1）加工方式　数控铣削。

（2）加工设备 SV-08M 小型数控铣床。

（3）毛坯 50mm×50mm×15mm 的亚克力板。

（4）加工刀具 ϕ6mm 的三刃端铣刀。

（5）工艺路线 测量毛坯→装夹找正→对刀→粗加工去除余量→精铣平面及轮廓。

（6）夹具选用 平口钳。

2. 填写工序卡片

零件数控加工工艺卡片见表 4-9，数控刀具卡片见表 4-10。

表 4-9 数控加工工艺卡片

数控加工工艺卡片		工序号		工序内容	
		1		极坐标加工	
		零件名称	材料	夹具名称	使用设备
		极坐标加工	亚克力	平口钳	SV-08M 小型数控铣床
工步号	工步内容	刀具号	刀具规格 /mm	主轴转速 /（r/min）	进给量 /（mm/min）	背吃刀量 /mm	备 注
1	粗铣凸台	T01	ϕ6	900	50	4	
2	精铣凸台及平面	T01	ϕ6	900	50	1	

表 4-10 数控刀具卡片

刀具号	刀具规格/mm	数量	加工内容	主轴转速 /（r/min）	进给量 /（mm/min）
T01	ϕ6	1	凸台及平面	900	50

3. 编制加工程序

（1）确定工件坐标系 根据零件尺寸及几何特点，选取零件几何对称中心为工件坐标系零点。

（2）填写加工程序单（表 4-11）

表 4-11 加工程序单

程序号	加工程序	程序说明
	% 1230	程序名
N10	G54 G17 G90 G21	主程序程序初始化
N20	G00 Z10	
N30	M03 S900	
N40	M98 P1231	调用子程序
N50	M98 P1232	
N60	Z20	
N70	M30	主程序结束

（续）

程序号	加工程序	程序说明
	%1230	程序名
N80	%1231	
N90	G00　X30　Y−30	
N100	Z2	
N110	G01　Z−5　F10	
N120	X23　Y−24　F50	
N130	Y24	
N140	X19	
N150	Y−24	
N160	X15	
N170	Y24	
N180	X11	
N190	Y−24	
N200	X7	
N210	Y23	
N220	X−23	
N230	Y−23	
N240	X0	
N250	Y−21	
N260	X−21	去除余量子程序
N270	Y21	
N280	X0	
N290	Y25	
N300	G03　X0　Y−25　R25	
N310	G00　Z10	
N320	X4　Y2	
N330	Z−3	
N340	G01　Z−5　F10	
N350	X0　F50	
N360	G03　X0　Y−2　R2	
N370	Y−7	
N380	G02　X0　Y7　R7	
N390	X15	
N400	Y25	
N410	M99	

（续）

程序号	加工程序		程序说明
	%1230		程序名
N420	%1232		精加工轮廓子程序
N430	G42 G01 X0 Y18 F50		建立刀补
N440	G38 X0 Y0		极坐标生效
N450	G03 AP=270 RP=18 R18		
N460	RP=12 R3		
N470	G02 AP=90 RP=12 R12		
N480	G03 RP=18 R3		
N490	G00 Z10		
N500	G40 X-25 Y25		
N510	M99		返回主程序

4. 输入程序

通过操作面板，在"EDIT"模式下输入加工程序。

5. 装夹与对刀

1）将平口钳安装在机床工作台上。

2）将工件夹持在平口钳上。

3）用试切法确定工件坐标系原点，使用 G54 坐标系。

6. 程序校验及加工轨迹仿真

使用机床数控系统的程序校验功能进行程序校验，并进行刀具轨迹仿真。

7. 自动加工

正确选择加工程序进行加工。可在程序起始阶段单段运行，以大致确认对刀是否正确，确认无干涉等情况后即正常加工。

8. 检测

用游标卡尺对工件进行检测，确定其尺寸是否符合图样要求。对超差尺寸在可以修复的情况下应继续加工，直到符合图样要求为止。

9. 任务评价

极坐标加工任务评价见表 4-12。

五、知识拓展

当加工轮廓的走刀轨迹使用极坐标方便计算时，可采用极坐标编程，也可根据具体情况使用极坐标和直角坐标混用编程。

与其他二维坐标系相同，极坐标也有两个坐标轴，即 r（半径坐标）和 θ（极角）。r 坐标表示与极点的距离，θ 坐标表示按逆时针方向坐标距离极轴的角度，极轴就是平面直角坐标系中 X 轴的正方向。例如，极坐标中的（5，100°）表示一个距离极点 5 个单位长度，与极轴夹角为 100° 的点。

极坐标与直角坐标之间可以相互转换，请查阅相关书籍。

表 4-12　极坐标加工任务评价表

班级		学号		姓名	
检测项目	要求	配分	评分标准	检测结果	得分
零件主要尺寸	各尺寸在公差范围内	30	公差在 ±0.05mm 范围内		
表面粗糙度	所有加工表面粗糙度符合要求	10	每降一级扣 2 分		
安全文明生产	着装规范，未发生受伤等事故	3	违反全扣		
	刀具、工具、量具放置在合理位置	3	不合理全扣		
	工件装夹、刀具安装规范	3	不规范全扣		
	卫生、设备保养规范	3	不合格全扣		
	关机后机床停放位置合理	3	不合理全扣		
	未严重违反操作规程，未发生重大安全事故	9	较为严重的违反操作规程行为全扣，发生重大安全事故停止训练		
操作规范	开机前的检查和开机顺序正确	3	不正确全扣		
	正确对刀和建立工件坐标系	3	不正确全扣		
	正确设置参数	3	不合理全扣		
	正确仿真、校验程序	3	不正确全扣		
程序编制	指令使用正确，程序完整	3	指令使用不正确、程序不完整全扣		
	正确运用刀具半径补偿和长度补偿功能	3	不正确全扣		
	数值计算正确	3	不正确全扣		
	使用子程序简化程序	3	不使用子程序全扣		
工艺合理	工件定位和夹紧合理	2	不合理全扣		
	会找正夹具和工件	2	不正确全扣		
	加工顺序合理	3	不合理全扣		
	刀具选择合理	3	不合理全扣		
	关键工序安排存在错误	3	存在错误全扣		
总评分		100	总得分		

六、综合练习

用 50mm×50mm×10mm 的亚克力毛坯，加工如图 4-7 所示的零件，试编写其加工程序并进行加工。

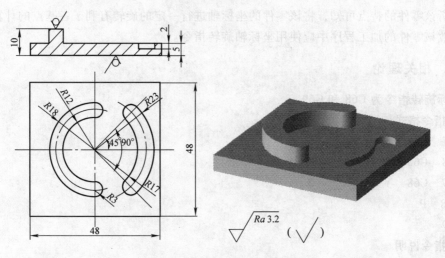

图 4-7　极坐标加工练习零件图

任务四　旋　转　加　工

一、学习目标

1）掌握应用旋转坐标编程的零件的特点。

2）能够熟练应用旋转指令编程。

二、任务分析

用规格为 $50\text{mm} \times 50\text{mm} \times 15\text{mm}$ 亚克力毛坯，加工如图 4-8 所示的零件，试编写其加工程序并进行加工。

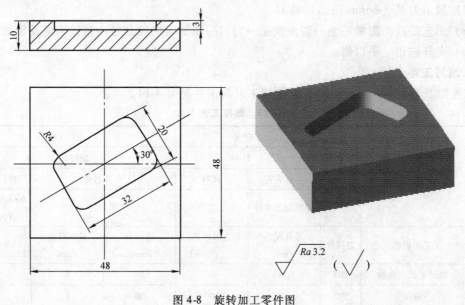

图 4-8　旋转加工零件图

分析该零件的特点可知，将该零件的坐标轴进行一定的旋转有利于各基点的计算和简化编程，故该零件的加工程序中应使用坐标轴旋转指令。

三、相关理论

坐标旋转指令为 G68 和 G69。

1. 指令格式

G17　G68　X＿＿　Y＿＿　P＿＿

G18　G68　X＿＿　Z＿＿　P＿＿

G19　G68　Y＿＿　Z＿＿　P＿＿

M98　P＿＿

G69

2. 指令说明

1）G68 为建立旋转，G69 为取消旋转。两者均为模态指令，可相互注销，G69 为默认指令。

2）X、Y、Z 为旋转中心的坐标值。

3）P 为旋转角度，单位是（°），0°≤P≤360°。

在有刀具补偿的情况下，先旋转后设定刀具半径补偿和长度补偿；在有缩放功能的情况下，先缩放后旋转。

四、操作实践

1. 确定加工工艺

（1）加工方式　数控铣削。

（2）加工设备　SV-08M 小型数控铣床。

（3）毛坯　50mm×50mm×15mm 的亚克力板。

（4）加工刀具　φ6mm 三刃端铣刀。

（5）工艺路线　测量毛坯→装夹找正→对刀→粗加工去除余量→精铣平面及轮廓。

（6）夹具选用　平口钳。

2. 填写工序卡片

数控加工工艺卡片见表4-13，数控加工刀具卡片见表4-14。

表 4-13　数控工艺卡片

数控加工工艺卡片		工序号		工序内容	
		1		旋转加工	
		零件名称	材料	夹具名称	使用设备
		旋转加工零件	亚克力	平口钳	SV-08M 小型数控铣床
工步号	工步内容	刀具号	刀具规格/mm	主轴转速/（r/min）	进给量/（mm/min）	背吃刀量/mm	备注
1	粗铣平面及凸台	T01	φ6	900	50	4	
2	精铣	T02	φ6	900	50	1	

表 4-14　数控刀具卡片

刀具号	刀具规格/mm	数量	加工内容	主轴转速 / (r/min)	进给量 / (mm/min)	备注
T01	φ6 立铣刀	1	内轮廓	900	50	

3. 编制加工程序

（1）确定工件坐标系　根据零件尺寸及几何特点，选取零件几何对称中心为工件坐标系零点。

（2）填写加工程序单（见表 4-15）

表 4-15　加工程序单

程序号	加工程序	程序说明
	％0008	程序名
N10	G54　G17　G90　G21	程序初始化
N20	G00　Z10	
N30	M03　S900	
N40	G68　X0　Y0　P30	建立旋转
N50	X2　Y0	
N60	Z1	
N70	G01　Z－5　F10	
N80	Y2　F50	
N90	X－2	
N100	Y－2	
N110	X7	
N120	Y4	去除余量
N130	X－7	
N140	Y－4	
N150	X12	
N160	Y6	
N170	X－12	
N180	Y－6	
N190	X12	
N200	G41　X16　Y0　D01	
N210	Y6	
N220	G03　X12　Y10　R4	精加工轮廓
N230	G01　X－12	
N240	G03　X－16　Y6　R4	

（续）

程序号	加工程序		程序说明
	%0008		程序名
N250	G01	Y－6	
N260	G03	X－12　Y－10　R4	
N270	G01	X12	
N280	G03	X16　Y－6　R4	精加工轮廓
N290	G01	Y0	
N300	G00	Z20	
N310	G40	X0　Y20	
N320	G69		
N590	M30		程序结束

4. 输入程序

通过操作面板，在"EDIT"模式下输入加工程序。

5. 装夹与对刀

1）将平口钳安装在机床工作台上。

2）将工件夹持在平口钳上。

3）用试切法确定工件坐标系原点，使用 G54 坐标系。

6. 程序校验及加工轨迹仿真

使用机床数控系统的程序校验功能进行程序校验，并进行刀具轨迹仿真。

7. 自动加工

正确选择加工程序进行加工。可在程序起始阶段单段运行，以大致确认对刀是否正确，确认无干涉等情况后即可开始正常加工。

8. 检测

用游标卡尺对工件进行检测，确定其尺寸是否符合图样要求。对超差尺寸在可以修复的情况下应继续加工，直到符合图样要求为止。

9. 任务评价

旋转加工任务评价见表 4-16。

五、知识拓展

为了简化编程，在一些情况下可以将设定局部坐标系和旋转坐标系配合使用，这样可使手工编程的计算过程得到极大简化。

六、综合练习

用 50mm×50mm×10mm 的亚克力毛坯，加工如图 4-9 所示的零件，试编写其加工程序并进行加工。

表 4-16 旋转加工任务评价表

班级		学号		姓名	
检测项目	要求	配分	评分标准	检测结果	得分
零件主要尺寸	各尺寸在公差范围内	30	公差在 ±0.05mm 范围内		
表面粗糙度	所有加工表面粗糙度符合要求	10	每降一级扣 2 分		
安全文明生产	着装规范，未发生受伤等事故	3	违反全扣		
	刀具、工具、量具放置在合理位置	3	不合理全扣		
	工件装夹、刀具安装规范	3	不规范全扣		
	卫生、设备保养规范	3	不合格全扣		
	关机后机床停放位置合理	3	不合理全扣		
	未严重违反操作规程，未发生重大安全事故	9	较为严重的违反操作规程行为扣 9 分，发生重大安全事故停止训练		
操作规范	开机前的检查和开机顺序正确	3	开机顺序不正确全扣		
	正确对刀和建立工件坐标系	3	不正确全扣		
	正确设置参数	3	不合理全扣		
	正确仿真、校验程序	3	不正确全扣		
程序编制	指令使用正确，程序完整	3	指令使用不正确、程序不完整全扣		
	正确运用刀具半径补偿和长度补偿功能	3	不正确全扣		
	数值计算正确	3	不正确全扣		
	使用子程序简化程序	3	不使用子程序全扣		参考项目
工艺合理	工件定位和夹紧合理	2	不合理全扣		
	会找正夹具和工件	2	不正确全扣		
	加工顺序合理	2	不合理全扣		
	刀具选择合理	3	不合理全扣		
	关键工序安排存在错误	3	存在错误全扣		
总评分		100	总得分		

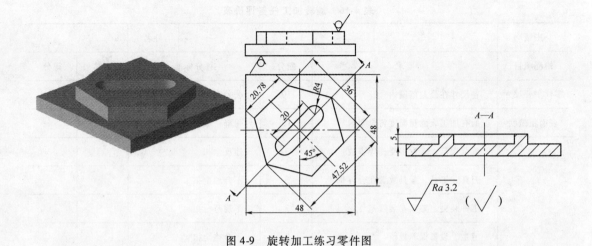

图 4-9　旋转加工练习零件图

任务五　缩 放 加 工

一、学习目标

1）掌握应用缩放指令编程的零件的特点。

2）能够熟练使用缩放指令进行编程。

二、任务分析

用 50mm×50mm×15mm 亚克力毛坯，加工如图 4-10 所示的零件，试编写其加工程序并进行加工。分析该零件的加工部位可知，其符合缩放类零件的加工特点。

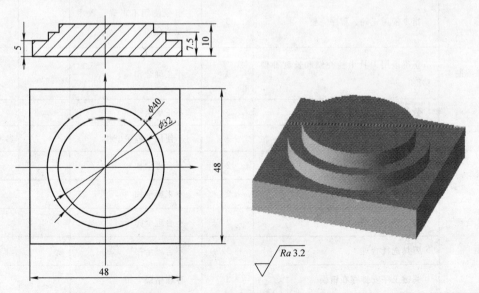

图 4-10　缩放加工零件图

三、相关理论

1. 缩放加工指令格式

G51　X＿＿　Y＿＿　Z＿＿　P＿＿

M98　P＿＿

G50

2. 指令说明

1）G51 为建立缩放，G50 为取消缩放。

2）X、Y、Z 为缩放中心的坐标值。

3）P 为缩放倍数。

注意：G51 既可指定平面缩放，也可指定空间缩放。在 G51 之后，运动指令的坐标值以（X，Y，Z）为缩放中心，按 P 规定的缩放比例进行计算。在有刀具补偿的情况下，先进行缩放，然后才进行刀具半径补偿和刀具长度补偿。

四、操作实践

1. 确定加工工艺

（1）加工方式　数控铣削。

（2）加工设备　SV-08M 小型数控铣床。

（3）毛坯　50mm×50mm×15mm 的亚克力板。

（4）加工刀具　φ6mm 的三刃端铣刀。

（5）工艺路线　测量毛坯→装夹找正→对刀→粗加工去除余量→精铣平面及轮廓。

（6）夹具选用　平口钳。

2. 填写工序卡片

零件数控加工工艺卡片见表 4-17，数控刀具卡片见表 4-18。

表 4-17　数控加工工艺卡片

数控加工工艺卡片			工序号		工序内容	
			1		缩放加工	
			零件名称	材料	夹具名称	使用设备
			缩放加工零件	亚克力	平口钳	SV-08M 小型数控铣床
工步号	工步内容	刀具号	刀具规格/mm	主轴转速/（r/min）	进给量/（mm/min）	背吃刀量/mm	备　注
1	粗铣平面及圆台	T01	φ6	900	50	4	
2	精铣	T01	φ6	900	50	1	

表 4-18　数控刀具卡片

刀具号	刀具规格/mm	数量	加工内容	主轴转速/（r/min）	进给量/（mm/min）	备注
T01	φ6 立铣刀	1	内轮廓	900	50	

3. 编制加工程序

（1）确定工件坐标系　根据零件尺寸及几何特点，选取零件几何对称中心为工件坐标系零点。

（2）填写加工程序单（见表4-19）

表4-19　加工程序单

程序号	加工程序	程序说明
	%1230	程序名
N10	G54　G17　G90　G21	初始化
N20	G00　Z10	
N30	M03　S900	
N40	M98　P1231	
N50	M98　P1232	
N60	G01　Z－2.5　F50	
N70	G51　X0　Y0　P0.8	调用子程序并进行缩放加工
N80	M98　P1232	
N90	G50	
N100	Z20	
N110	M30	主程序结束
N120	%1231	
N130	G00　X23　Y－28	
N140	Z1	
N150	G01　Z－5　F10	
N160	Y23　F50	
N170	X－23	去除余量子程序
N180	Y－23	
N190	X28	
N200	Y0	
N210	G03　X28　Y0　I－28　J0	
N220	M99	
N230	%1232	
N240	G42　G01　X20　Y0　D01　F50	
N250	G03　X20　Y0　I－20　J0	
N260	G00　Z5	加工圆台子程序
N270	G40　G01　X23　Y－5	
N280	M99	

4. 输入程序

通过操作面板，在"EDIT"模式下输入加工程序。

5. 装夹与对刀

1）将平口钳安装在机床工作台上。

2）将工件夹持在平口钳上。

3）用试切法确定工件坐标系原点，使用 G54 坐标系。

6. 程序校验及加工轨迹仿真

使用机床数控系统的程序校验功能进行程序校验，并进行刀具轨迹仿真。

7. 自动加工

正确选择加工程序进行加工。可在程序起始阶段单段运行，以大致确认对刀是否正确，确认无干涉等情况后即可开始正常加工。

8. 检测

用游标卡尺对工件进行检测，确定其尺寸是否符合图样要求。对超差尺寸在可以修复的情况下应继续加工，直到符合图样要求为止。

9. 任务评价

缩放加工任务评价见表 4-20。

表 4-20　缩放加工任务评价表

班级		学号			姓名	
检测项目	要求		配分	评分标准	检测结果	得分
零件主要尺寸	各尺寸在公差范围内		30	公差在 ±0.05mm 范围内		
表面粗糙度	所有加工表面粗糙度符合要求		10	每降一级扣 2 分		
安全文明生产	着装规范，未发生受伤等事故		3	违反全扣		
	刀具、工具、量具放置在合理位置		3	不合理全扣		
	工件装夹、刀具安装规范		3	不规范全扣		
	卫生、设备保养规范		3	不合格全扣		
	关机后机床停放位置合理		3	不合理全扣		
	未严重违反操作规程，未发生重大安全事故		9	较为严重的违反操作规程行为扣 9 分，发生重大安全事故停止训练		
操作规范	开机前的检查和开机顺序正确		3	不正确全扣		
	正确对刀和建立工件坐标系		3	不正确全扣		
	正确设置参数		3	不合理全扣		
	正确仿真、校验程序		3	不正确全扣		
程序编制	指令使用正确，程序完整		3	指令使用不正确、程序不完整全扣		
	正确运用刀具半径补偿和长度补偿功能		3	不正确全扣		
	数值计算正确		3	不正确全扣		
	使用子程序简化程序		3	不使用子程序全扣		

（续）

班级		学号			姓名		
检测项目	要求		配分	评分标准		检测结果	得分
工艺合理	工件定位和夹紧合理		2	不合理全扣			
	会找正夹具和工件		2	不正确全扣			
	加工顺序合理		2	不合理全扣			
	刀具选择合理		3	不合理全扣			
	关键工序安排存在错误		3	存在错误全扣			
总评分		100		总得分			

五、综合练习

用规格为 50mm × 50mm × 10mm 的亚克力毛坯，加工如图 4-11 所示的零件，试编写其加工程序并进行加工。

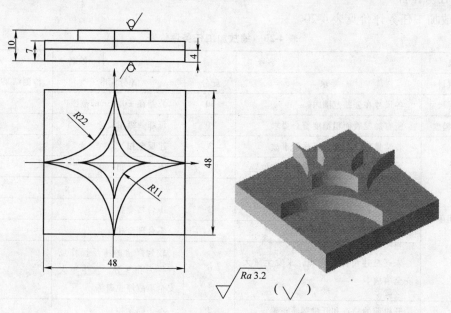

图 4-11　缩放加工练习零件图

单元五 孔系加工

任务一 钻孔、扩孔、铰孔及攻螺纹

一、学习目标

1）掌握孔类零件的加工工艺及钻孔、扩孔、铰孔及攻螺纹相关指令的格式。
2）能正确使用刀具长度补偿指令。
3）能灵活运用孔加工指令进行程序编制。
4）能合理选择刀具及确定切削用量。

二、任务分析

用规格为 $\phi 60\,\mathrm{mm} \times 25\,\mathrm{mm}$ 的铝合金毛坯，加工如图 5-1 所示的轴承端盖，试编写其数控加工程序并进行加工。

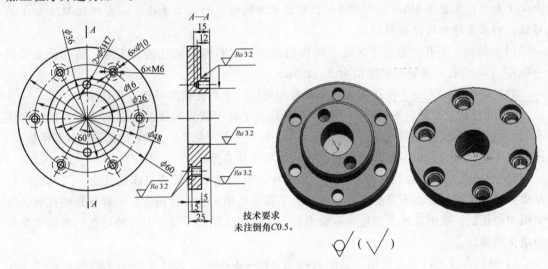

图 5-1 轴承端盖

此轴承端盖有六个 $\phi 10\,\mathrm{mm}$ 沉头孔、六个 M6 螺纹孔、两个 $\phi 5\mathrm{H7}$ 销孔和一个 $\phi 16\,\mathrm{mm}$ 的通孔。其加工内容包括钻孔、扩孔、铰孔和攻螺纹等，可利用数控铣床通过孔循环指令加工各孔。

三、相关理论

1. 孔的加工工艺

由于获得同一级公差等级及表面粗糙度的加工方法有多种，因而，应结合零件的形状、尺寸、生产批量、毛坯材料及毛坯热处理等情况合理选用加工方法。此外，还应考虑生产率

和经济性的要求，以及工厂生产设备等的实际情况。

在加工中心上，常用的孔加工方法有钻孔、扩孔、铰孔、粗/精镗孔及攻螺纹等。通常情况下，在加工中心上能较方便地加工出 IT9 ~ IT7 级公差等级的孔，其推荐加工方法见表 5-1。

表 5-1　加工中心上孔的推荐加工方法

孔的公差等级	有无预制孔	孔的尺寸/mm				
		0 ~ φ12	φ12 ~ φ20	φ20 ~ φ30	φ30 ~ φ60	φ60 ~ φ80
IT11-IT9	无	钻→铰	钻→扩		钻→扩→镗（或铰）	
	有	粗扩→精扩或粗镗→精镗（余量少时，可一次性扩孔或镗孔）				
IT8	无	钻→扩→铰	钻→扩→镗（或铰）		钻→扩→粗镗→精镗	
	有	粗镗→半精镗→精镗（或精铰）				
IT7	无	钻→粗铰→精铰	钻→扩→粗铰→精铰或钻→扩→粗镗→半精镗→精镗			
	有	粗镗→半精镗→精镗（如仍达不到精度，可进一步采用超精镗）				

注意： 1）加工直径小于 φ30mm 且没有预制孔的毛坯孔时，为了保证钻孔加工的定位精度，可选择在钻孔前先将孔口端面铣平或采用钻中心孔的加工方法。

2）对于表中的扩孔及粗镗加工，也可采用立铣刀铣孔的加工方法。

3）加工螺纹孔时，应先加工出螺纹底孔，对于直径在 M6 以下的螺纹，通常不在加工中心上加工；直径为 M6 ~ M20 的螺纹，通常采用攻螺纹的加工方法；而直径在 M20 以上的螺纹，则采用螺纹镗刀镗削加工。

（1）钻孔　钻孔一般用于扩孔、铰孔前的粗加工和螺纹底孔的加工等。钻孔公差等级一般在 IT12 左右，表面粗糙度值为 $Ra12.5\mu m$。

数控铣床、加工中心钻孔用刀具主要是麻花钻、中心孔钻和可转位浅孔钻等。

1）麻花钻。按材料不同，麻花钻可分为高速工具钢钻头和硬质合金钻头；按柄部形式不同，可分为莫式锥柄和直柄，莫氏锥柄一般用于大直径钻头，直柄一般用于小直径钻头；按长度不同，可分为基本型和短、长、加长、超长等类型。

2）中心孔钻。中心孔钻是专门用于加工中心孔的钻头。数控机床钻孔中，刀具的定位是由数控程序控制的，不需要钻模导向。为了保证孔加工的位置精度，用麻花钻钻孔前，应使用中心孔钻，或刚度较大的短钻头钻中心孔，以保证钻孔过程中刀具的导正，确保麻花钻的定位正确。

3）硬质合金可转位浅孔钻。钻削直径为 φ20 ~ φ60mm、长径比小于 3 的中等直径浅孔时，可选用硬质合金可转位浅孔钻进行加工。

（2）扩孔　扩孔是指对已钻出、铸（锻）出或冲出的孔进行进一步加工。在数控机床上扩孔时多采用扩孔钻，也可以采用立铣刀或镗刀。与麻花钻相比，扩孔钻在结构上有以下特点：

1）扩孔钻的切削刃较多，一般为 3 ~ 4 个，故切削导向性好。

2）扩孔钻扩孔的加工余量小，一般为 2 ~ 4mm；另外，扩孔钻的主切削刃短，容屑槽较麻花钻小，刀体刚度好。

3）扩口钻没有横刃，切削时轴向力小。

扩孔对预制孔的形状误差和轴线的歪斜有修正能力，其公差等级可达 IT10 级，表面粗

糙度值为 $Ra6.3 \sim 3.2\mu m$，可以用于孔的终加工，也可作为铰孔或磨孔的预加工。

（3）铰孔 铰孔是对已加工孔进行微量切削，可用于孔的半精加工和精加工。铰孔的公差等级一般为 IT9～IT6，表面粗糙度值为 $Ra1.6 \sim 0.4\mu m$。但铰孔一般不能修正孔的位置误差，所以孔的位置精度应由铰孔的上一道工序来保证。

铰孔的合理切削用量如下：背吃刀量取为铰削余量（粗铰余量为 0.15～0.35mm，精铰余量为 0.05～0.15mm）；采用低速切削（粗铰为 5～7 m/min，精铰为 2～5 m/min）；进给量一般为 0.2～1.2mm/r，进给量太小会产生打滑和啃刮现象。铰孔时要合理选择切削液，在钢材上铰孔宜选用乳化液，在铸铁件上铰孔可选用煤油。

（4）镗孔 见本单元任务二。

2. 孔加工刀具的装卸方法

手动在主轴上安装刀柄的方法如下：

1）确认刀具和刀柄的质量不超过机床规定的最大许用质量。

2）清洁刀柄锥面和主轴锥孔，主轴锥孔可使用主轴专用清洁棒擦拭干净。

3）左手握住刀柄，将刀柄的缺口对准主轴端面键伸入主轴内，不可倾斜。

4）右手按换刀按钮，压缩空气从主轴内吹出以清洁主轴和刀柄，按住此按钮，直到刀柄锥面与主轴锥孔完全贴合后放开按钮，刀柄即被拉紧。

5）确认刀具确实被拉紧后才能松手。

拆卸刀柄时，先用左手握住刀柄，再用右手按换刀按钮（否则刀具将从主轴内掉下，可能会损坏刀具、工件和夹具等），取下刀柄。拆卸刀柄必须有足够的动作空间，刀柄不能与工作台上的工件、夹具等发生干涉。

3. 位置精度要求高的孔系的加工

（1）孔加工路线 加工位置精度要求较高的孔系时，应特别注意孔加工路线的安排，避免将坐标轴的反向间隙带入而影响位置精度。

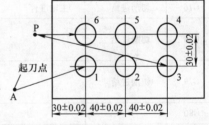

图 5-2 孔加工工艺路线

例如，加工如图 5-2 所示的孔系，按 A→1→2→3→4→5→6→P 的顺序安排加工路线时，在加工 5、6 孔时，X 方向的反向间隙会使定位误差增加，从而影响 5、6 孔与其他孔的位置精度。而采用 A→1→2→3→P→6→5→4的进给路线时，可避免反向间隙的引入，从而可提高 5、6 孔与其他孔的位置精度。

尽量缩短进给路线可减少加工距离、空程运行距离和空刀时间，减小刀具磨损，提高生产率。

（2）孔加工引入距离（导入量）和超越量

1）孔加工导入量。孔加工导入量（图 5-3 中的 ΔZ）是指在孔加工过程中，刀具自快进转为工进时，刀尖点位置与孔上表面之间的距离。

孔加工导入量的具体值由工件表面的尺寸变化量确定，一般情况下取 2～10mm。当孔的上表面为已加工表面时，导入量取较小值（2～5mm）；当孔的上表面为未加工表面或加工螺纹孔时，导入量取较大值（5～10mm）。

2）孔加工超越量。钻不通孔时，超越量大于或等于钻尖高度 $Z_p\left(Z_p = \dfrac{D}{2}\cot\alpha \approx 0.3D\right)$；

钻通孔时，超越量等于 $Z_p +$（1～3）mm。镗不通孔时，超越量取
1～3mm；铰通孔时，超越量取 3～5mm。

4. 孔加工固定循环指令

（1）固定循环指令的定义　可用一个固定循环的 G 代码调用
的指令称为固定循环指令。华中数控系统配备的固定循环功能主要
用于孔加工，包括钻孔、镗孔和攻螺纹等。使用一个程序段可以完
成一个孔加工的全部动作（钻孔进给、退刀、孔底暂停等），如果
孔的动作无需变更，则程序中的所有模态数据均可以不写，从而达
到简化程序、减少编程工作量的目的。这样一系列典型的加工动作
已经预先编好程序并存储在内存中。

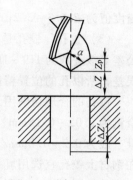

图 5-3　孔加工导入量
和超越量

华中 HNC-18i/19i 数控系统的孔加工固定循化指令见表 5-2。

表 5-2　华中 HNC-18i/19i 数控系统孔加工固定循化指令

G 代码	加工动作 （-Z 方向）	孔底部动作	退刀动作 （+Z 方向）	名　称	用　途
G70	切削进给		快速进给	四周钻孔循环	加工多个呈矩形分布的孔
G71	切削进给		快速进给	圆弧钻孔循环	加工多个呈圆弧形分布的孔
G73	间歇进给		快速进给	高速深孔加工循环	高速加工深孔
G74	切削进给	暂停，主轴正转	切削进给	左旋螺纹攻螺纹循环	攻左螺纹
G76	切削进给	主轴准停	快速进给	精镗循环	精镗孔
G78	切削进给		快速进给	角度直线钻孔循环	加工呈直线排列的孔
G79	切削进给		快速进给	棋盘钻孔循环	加工呈棋盘形状分布的孔
G80			取消固定循环	取消固定循环	取消固定循环
G81	切削进给		快速进给	钻孔循环	普通钻孔、扩孔、铰孔
G82	切削进给	暂停	快速进给	带停顿钻孔循环	钻孔、锪孔
G83	间歇进给		快速进给	深孔加工循环	加工深孔
G84	切削进给	暂停，主轴反转	切削进给	右旋螺纹攻螺纹循环	攻右螺纹
G85	切削进给		切削进给	镗孔循环	精镗孔
G86	切削进给	主轴停	快速进给	镗孔循环	镗孔
G87	切削进给	主轴正转	快速进给	背（反）镗孔循环	反镗孔
G88	切削进给	暂停，主轴停	手动	镗孔循环	手动镗孔
G89	切削进给	暂停	切削进给	镗孔循环	精镗阶梯孔
G98			快速进给	返回初始平面	
G99			快速进给	返回安全平面	

（2）固定循环的动作组成 孔加工固定循环指令有 G73、G74、G76 和 G80 ~ G89 等，通常由以下 6 个动作构成（图 5-4）：

1）X、Y 轴定位。

2）定位到 R 点，定位方式取决于上次是 G00 还是 G01。

3）孔加工。

4）在孔底的动作。

5）退回 R 点（参考点）。

6）快速返回初始点。

固定循环的数据可以用绝对坐标（G90）和相对坐标（G91）表示，如图 5-5 所示。

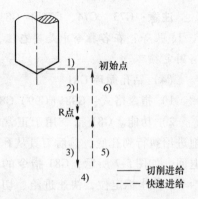

图 5-4 固定循环动作构成

（3）固定循环的程序格式 固定循环程序中包括数据形式、返回点平面、孔加工方式、孔位置数据、孔加工数据和循环次数。数据形式（G90 或 G91）在程序开始时就已指定，因此在固定循环程序中可不注出。固定循环程序的格式如下：

G98/G99 G70 ~ G89 __ X __ Y __ Z __ R __ Q __ P __ I __ J __ K __ F __ L __ ;

如图 5-6 所示，程序中各参数的含义如下：

G98 为返回初始平面。

G99 为返回 R 点平面。

G 为固定循环代码 G73、G74、G76 和 G81 ~ G89 之一。

X、Y 为加工起点到孔位的距离（G91）或孔位坐标（G90）。

R 为初始点到 R 点的距离（G91）或 R 点的坐标（G90）。

Z 为 R 点到孔底的距离（G91）或孔底坐标（G90）。

Q 为每次进给深度（G73/G83）。

I、J 为刀具在轴上的反向位移增量（G76/G87）。

P 为刀具在孔底的暂停时间。

F 为切削速度。

L 为固定循环次数。

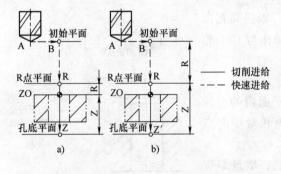

图 5-5 G90 和 G91 循环动作
a）G90 方式 b）G91 方式

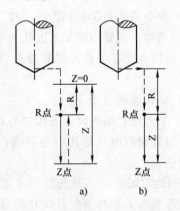

图 5-6 孔加工固定循环程序的各参数

注意：G73、G74、G76 和 G81～G89 是同组的模态指令。其中定义的 Z、R、P、F、Q、I、J、K 等：在各指令中是模态值，改变指令后需重新定义。G80、G01～G03 等代码可以取消固定循环。

（4）钻孔循环 G81

1）指令格式：G98（G99）G81 X__ Y__ Z__ R__ F__ L__ P__。

2）功能。G81 指令用于正常的钻孔，切削进给执行到孔底，然后刀具从孔底快速移动退回。如图 5-7 所示，G81 指令的动作循环包括 X、Y 坐标定位，快速进给、切削进给和快速返回等。

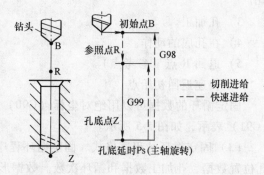

图 5-7　G81 指令动作

3）动作说明：

X、Y 为绝对编程时，是孔中心在 XY 平面内的坐标位置；增量编程时，是孔中心在 XY 平面内相对于起点的增量值。

Z 为绝对编程时，是孔底点 Z 的坐标值；增量编程时，是孔底点 Z 相对于参照点 R 的增量值。

R 为绝对编程时，是参照点 R 的坐标值；增量编程时，是参照点 R 相对于初始点 B 的增量值。

F 为钻孔进给速度。

L 为循环次数（一般用于多孔加工，故 X 或 Y 应为增量值）。

P 为在 R 点处的暂停时间，单位为 s；当 P 未定义或为零时，表示不暂停。

4）工作步骤。

① 刀位点快移到孔中心上方 B 点。

② 快移接近工件表面，到 R 点。

③ 向下以 F 速度钻孔，到达孔底 Z 点。

④ 主轴维持旋转状态，向上快速退到 R 点（G99）或 B 点（G98）。

注意：如果 Z 的移动距离为零，则该指令不执行。

（5）带停顿钻孔循环（锪孔）G82

1）指令格式：G98（G99）G82 X__ Y__ Z__ R__ P__ F__ L__。

2）功能。主要用于加工沉孔和不通孔，以提高孔深精度。该指令除了要在孔底暂停外，其他动作与 G81 相同。

3）动作说明（图 5-8）：

X、Y 为绝对编程时，是孔中心在 XY 平面内的坐标位置；增量编程时，是孔中心在 XY 平面内相对于起点的增量值。

Z 为绝对编程时，是孔底点 Z 的坐标值；增量编程时，是孔底点 Z 相对于参照点 R 的增量值。

R 为绝对编程时，是参照点 R 的坐标值；增量编程

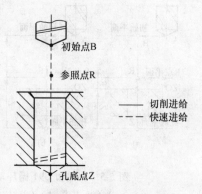

图 5-8　G82 指令动作

时，是参照点 R 相对于初始点 B 的增量值。

P 为孔底暂停时间。

F 为钻孔进给速度。

L 为循环次数（一般用于多孔加工以简化编程）。

4）工作步骤。

① 刀位点快移到孔中心上方 B 点。

② 快移接近工件表面，到 R 点。

③ 向下以 F 速度钻孔，到达孔底 Z 点。

④ 主轴维持原旋转状态，延时 P 秒。

⑤ 向上快速退到 R 点（G99）或 B 点（G98）。

注意：如果 Z 的移动量为零，则该指令不执行。

（6）高速深孔加工循环 G73

1）指令格式：G98（G99）G73 X __ Y __ Z __ R __ Q __ P __ K __ F __ L __。

2）功能。该固定循环用于 Z 轴的间歇进给，使深孔加工时容易断屑和排屑。由于加入切削液且退刀量不大，因此可以进行深孔的高速加工。

3）动作说明（图 5-9）。

X、Y 为绝对编程时，是孔中心在 XY 平面内的坐标位置；增量编程时，是孔中心在 XY 平面内相对于起点的增量值。

R 为绝对编程时，是参照点 R 的坐标值；增量编程时，是参照点 R 相对于初始点 B 的增量值。

Q 为每次向下的钻孔深度（增量值，取负）。

Z 为绝对编程时，是孔底点 Z 的坐标值；增量编程时，是孔底点 Z 相对于参照点 R 的增量值。

P 为孔底暂停时间。

K 为每次向上的退刀量（增量值，取正）。

F 为钻孔进给速度

L 为循环次数（一般用于多孔加工，故 X 或 Y 应为增量值）。

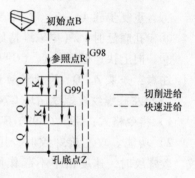

图 5-9　G73 指令动作

4）工作步骤。

① 刀位点快移到孔中心上方 B 点。

② 快移接近工件表面，到 R 点。

③ 向下以 F 速度钻孔，每次向下钻孔深度为 Q。

④ 向上快速抬刀，距离为 K。

⑤ 重复步骤 3）、4）。

⑥ 钻孔到达孔底点 Z。

⑦ 孔底延时 P 秒（主轴维持旋转状态）。

⑧ 向上快速退到 R 点（G99）或 B 点（G98）。

注意：

① 如果 Z、K、Q 的移动量为零，则该指令不执行。

② |Q| > |K|。

(7) 深孔加工循环 G83

1) 指令格式：G98（G99）G83 X＿ Y＿ Z＿ R＿ Q＿ P＿ K＿ F＿ L＿。

2) 功能：该固定循环用于 Z 轴的间歇进给，每向下钻一次孔后，快速退到参照点 R，其退刀量较大，更便于排屑好，更方便加切削液。

3) 动作说明。指令中除 K 外，其他参数的含义与 G73 相同，如图 5-10 所示。

K 为距已加工孔深上方的距离（增量值，取正）。

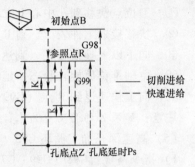

图 5-10　G83 指令动作

4) 工作步骤。

① 刀位点快移到孔中心上方 B 点。

② 快移接近工件表面，到 R 点。

③ 向下以 F 速度钻孔，每次向下钻孔深度为 Q。

④ 向上快速抬刀到 R 点。

⑤ 向下快移到已加工孔深的上方，距离为 K 处。

⑥ 向下以 F 速度钻孔，每次向下钻孔深度为（Q + K）。

⑦ 重复步骤 4）、5）、6），到达孔底点 Z。

⑧ 孔底延时 Ps（主轴维持原旋转状态）。

⑨ 向上快速退到 R 点（G99）或 B 点（G98）。

注意：如果 Z、Q、K 的移动量为零，该指令不执行。

(8) 左旋螺纹攻螺纹循环 G74

1) 指令格式：G98（G99）G74 X＿ Y＿ Z＿ R＿ P＿ F＿ L＿。

2) 功能。攻左旋螺纹时，用左旋丝锥主轴反转攻螺纹。攻螺纹时，速度倍率不起作用；使用进给保持时，在全部动作结束前也不停止。

3) 动作说明。除 F 外，其他参数与前述指令相同，如图 5-11 所示。

F 为螺纹导程。

4) 工作步骤。

① 主轴在原反转状态下，刀位点快移到螺孔中心上方 B 点。

② 快移接近工件表面，到 R 点。

③ 向下攻螺纹，主轴转速与进给速度匹配，保证转进给为螺距 F。

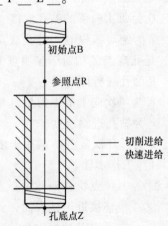

图 5-11　G74 指令动作

④ 攻螺纹到达孔底点 Z。

⑤ 主轴停转同时进给停止。

⑥ 主轴正转退出，主轴转速与进给匹配，保证每转进给量为螺距 F。

⑦ 退到 R 点（G99）或退到 R 点后，快移到 B 点（G98）。

注意：当 Z 的移动量为零时，该指令不执行。

(9) 右旋螺纹攻螺纹循环 G84

1）指令格式：G98（G99）G84 X＿＿Y＿＿Z＿＿R＿＿P＿＿F＿＿L＿＿。

2）功能。攻右旋螺纹时，用右旋丝锥主轴正转攻螺纹。攻螺纹时，速度倍率不起作用；使用进给保持时，在全部动作结束前也不停止。

3）动作说明。各参数的含义与G74相同，如图5-12所示。

注意：当Z的移动量为零时，该指令不执行。

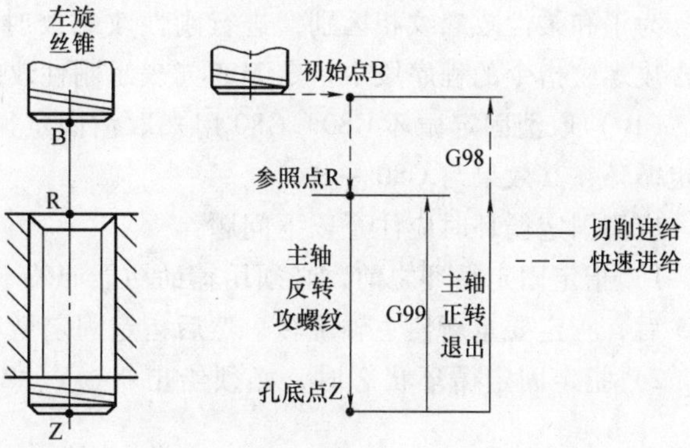

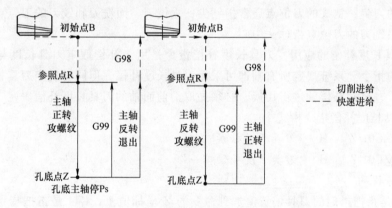

图5-12　G84指令动作

4）工作步骤。

①　主轴在原正转状态下，刀位点快移到螺孔中心上方B点。

②　快移接近工件表面，到R点。

③　向下攻螺纹，主轴转速与进给速度匹配，保证每转进给量为螺距F。

④　攻螺纹到达孔底点Z。

⑤　主轴停转同时进给停止，孔底停留Ps。

⑥　主轴反转退出，主轴转速与进给速度匹配，保证每转进给量为螺距F。

⑦　退到R点（G99）后，快移到B点（G98）。

正转攻螺纹和反转攻螺纹的比较如图5-13所示。

图5-13　正转攻螺纹和反转攻螺纹的比较

攻螺纹过程要求主轴转速与进给速度成严格的比例比系，因此，编程时要求根据主轴转速计算进给速度，计算公式为

$$f = nPh$$

式中　f——进给速度；

　　　n——主轴转速；

　　　Ph——螺纹导程（单线螺纹为螺距）。

除了使用以上传统的柔性攻螺纹加工方式以外，应用G84或G74指令还可实现刚性攻螺纹加工。采用这种加工方式时，要求数控机床的主轴必须是伺服主轴，以保证主轴的回转和Z轴的进给严格地同步，即主轴每转一圈，Z轴进给一个螺距或导程。由于机床的硬件保

证了主轴和进给轴的同步关系，因此使用普通弹簧夹头刀柄即可攻螺纹。

为了和柔性攻螺纹相区别，进行刚性攻螺纹时，需在指令段之前指定 M29 指令，或在包含攻螺纹指令的程序段中指定 M29（表示刚性攻螺纹）。

（10）取消固定循环 G80　G80 用来取消固定循环，也可用 G00、G01、G02、G03 取消固定循环，其效果与 G80 一样。

应用固定循环时应注意以下问题：

1）指定固定循环之前，必须用辅助功能 M03 使主轴正转；在使用了主轴停止转动指令 M05 后，一定要重新使主轴旋转，然后指定固定循环。

2）指定固定循环状态时，必须给出 X、Y、Z、R 中的每一个数据，固定循环才能执行。

3）操作时，若利用复位或急停按钮使数控装置停止，固定循环加工和加工数据仍然存在，所以再次加工时，应该使固定循环剩余动作进行到结束。

5. 刀具长度补偿

（1）刀具补偿功能　在数控编程过程中，为了方便编程，通常将数控刀具假想成一个点，该点称为刀位点或刀尖点。因此，刀位点既是用于表示刀具特征的点，也是对刀和加工的基准点。数控铣床常用刀具的刀位点如图 5-14 所示，车刀与镗刀的刀位点通常指刀具的刀尖；钻头的刀位点通常指钻尖；立铣刀、面铣刀和铰刀的刀位点指刀具底面的中心；球头铣刀的刀位点指球头中心。

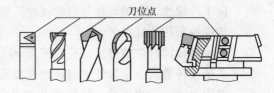

图 5-14　刀位点

（2）刀具长度补偿的应用　刀具长度补偿指令是用于补偿假定刀具长度与实际刀具长度之间差值的指令。系统规定所有轴都可采用刀具长度补偿，但同时规定刀具长度补偿只能加在一个轴上，要对补偿轴进行切换，必须先取消前面轴的刀具长度补偿。

（3）刀具长度补偿指令格式

G43 G00/G01 Z ___ H ___　刀具长度补偿 "＋"

G44 G00/G01 Z ___ H ___　刀具长度补偿 "－"

（4）指令说明

1）G43 是指把指定的刀具偏置值加到命令的 Z 坐标值上，G44 是指把指定的刀具偏置值从命令的 Z 坐标值上减去。

2）H 用于指令偏置存储器的偏置号。在地址 H 所对应的偏置存储器中存入相应的偏置值，执行刀具长度补偿指令时，系统首先根据偏移方向指令将指令要求的移动量与偏置存储器中的偏置值作相应的 "＋"（G43）或 "－"（G44）运算，计算出刀具的实际移动值，然后指令刀具作相应的运动。

3）G43、G44 可以使用 G49 指令或选择 H00（刀具偏置值 H00 规定为 0）进行撤消。

4）在实际编程中，为避免产生混淆，通常采用 G43 而非 G44 的指令格式进行刀具长度补偿的编程。在设置偏置长度时，使用 "＋" 或 "－" 号，如果改变了符号，则 G43 和 G44 在执行时会反向操作。因此，该命令有各种不同的表达方式。

（5）刀具长度补偿编程应用示例　如图 5-15 所示，采用 G43 指令进行编程，计算刀具从当前位置移动至工件表面的实际移动量。（假定刀具长度为 0，则 H01 中的偏置值为 20.0；H02 中的偏置值为 60.0）

刀具 1：G43 G01 Z－100.0 H01 F100

刀具的实际移动量 = －100mm+20mm = －80mm，刀具向下移 80mm。

刀具 2：G43 G01 Z－100.0 H02 F100

刀具的实际移动量 = －100mm+60mm = －40mm，刀具向下移 －40mm。

（6）刀具长度补偿的应用　对于立式加工中心，刀具长度补偿常被辅助用于工件坐标系零点偏置的设定。即用 G54 设定工件坐标系时，仅在 X、Y 方向偏置坐标原点的位置，而 Z 方向不偏置，Z 方向刀位点与工件坐标系 Z0 平面之间的差值全部通过刀具长度补偿值来解决。其对刀操作如图 5-16 所示。

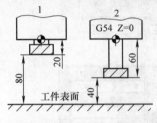

图 5-15　刀具长度补偿
编程应用示例

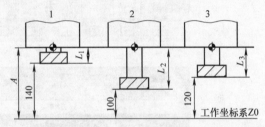

图 5-16　刀具长度补偿的应用

用 G54 设定工件坐标系时，Z 的偏置值为 0。安装好刀具，将刀具的相关点移动到工件坐标系的 Z0 处，将刀位点在该点处显示的机床坐标系的坐标值直接输入相对应的刀具长度偏置存储器中。这样，1 号刀具相对应的偏置存储器 H01 中的值为 －140.0（采用 G43 编程），H02 中的值应为 －100.0，H03 中的值应为 －120.0。采用这种方法对刀的刀具移动编程指令如下：

G90 G54 G49 G94；

G43GOO Z ＿ H ＿ F100 M03 S ＿

…

…

G49 G91 G28 Z0

…

长度补偿值测定后，通常直接将标准刀具测得的机械坐标 A 值（通常为负值）输入 G54 的 Z 偏置存储器中，而将不同的刀具长度（如图 5-16 中的 L_1、L_2 和 L_3）输入对应的刀具长度补偿器中。操作步骤如下：

1）把工件放在工作台面上。

2）调整基准刀具轴线，使它接近工件上表面。

3）换上要度量的刀具，把该刀具的前端调整到工件表面上。

4）将 Z 轴相对于坐标系的坐标作为刀具偏置值输入内存。

5）单击刀具表直接进入界面，用光标移动键移动光标到对应的刀补位置，按 ＜ Enter ＞键，输入数值即可，如图 5-17 所示。

使用 G43／G44 指令时的注意事项如下：

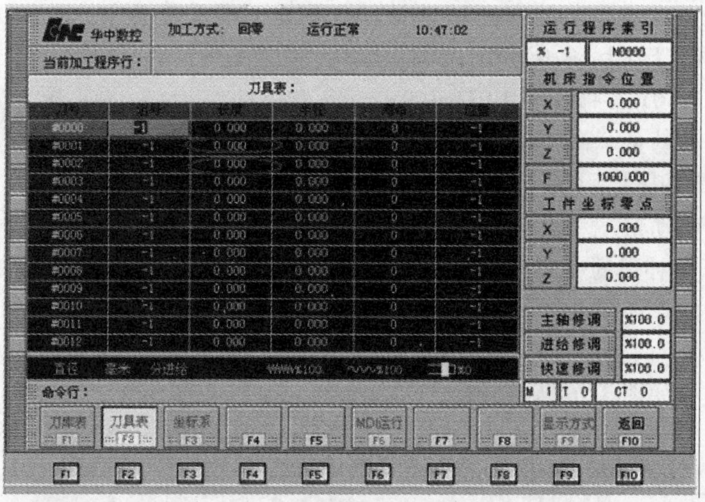

图 5-17 长度补偿的输入

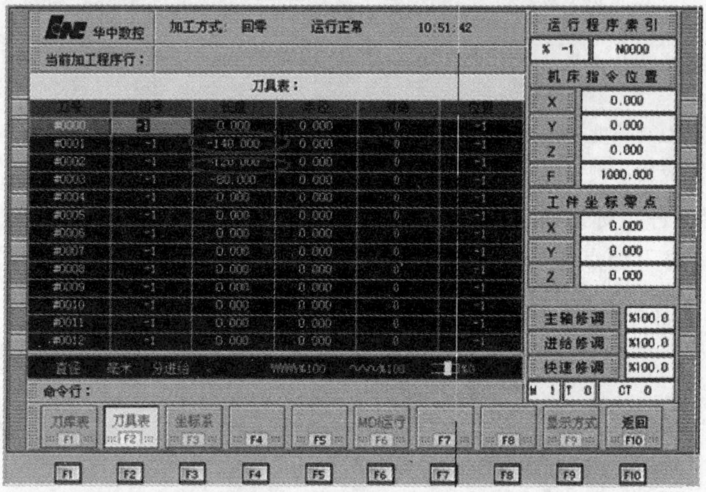

a）输入位置 b）输入结果

1）G43、G44 或 G49 指令一旦被发出，便一直起作用，因为它们是模态命令。因此，G43 或 G44 指令应紧跟在刀具更换之后发出；G49 指令只能在该刀具工作结束，更换刀具之前发出。

2）在用 G43（G44）H __ 或 G49 指令来省略 Z 轴移动指令时，偏置操作会像 G00 G91 Z0 指令那样执行。也就是说，用户应谨慎操作，因为它会像有刀具长度偏置值那样移动。

3）若在刀具长度补偿期间修改偏置号码，则之前设置的偏置值会被新赋予的偏置值替换，坐标系就会被取消。以上指令也可用于取消局部坐标系。

6. 刀具长度补偿取消指令 G49

可以用 G49 指令取消刀具长度补偿，也可以用偏置号码 H0 的设置（G43/G44 H0）取消刀具长度补偿，它们具有同样的效果。

指令格式为 G49 或 G43/G44 G00/G01 Z100 H00。

四、操作实践

1. 确定加工工艺

（1）加工方式 数控铣削。

（2）加工设备 SV-08M 小型数控铣床。

（3）毛坯材料 铝合金，规格为 $\phi 60mm \times 25mm$。

（4）加工刀具 $\phi 20mm$ 立铣刀、$\phi 10mm$ 键槽铣刀、$\phi 3mm$ 中心钻、$\phi 4.8mm$ 钻头、$\phi 5mm$ 铰刀、M6 丝锥、$\phi 12mm$ 钻头（优先使用锪钻、铰刀，没有可用钻头代替）、$\phi 15.8mm$ 钻头和 $\phi 16mm$ 铰刀各一支。

（5）工艺路线

1）用 $\phi 20mm$ 立铣刀粗、精铣削 $\phi 36mm$ 圆台。

2）用 $\phi 3mm$ 中心钻钻中心孔。

3）用 $\phi 4.8mm$ 钻头钻 $2 \times \phi 5$ 底孔。

4）用 $\phi 5mm$ 铰刀铰削 $2 \times \phi 5H7$ 孔。

5）翻面加工。

6）钻中心孔。

7）用 $\phi 4.8mm$ 钻头钻 $6 \times M6$ 螺纹底孔。

8）用 $\phi 5mm$ 铰刀铰削 $6 \times M6$ 螺纹底孔。

9）用 $\phi 10mm$ 键槽铣刀铣削 $6 \times \phi 10mm$ 沉头孔。

10）用 M6 丝锥攻螺纹。

11）用 $\phi 12mm$ 钻头钻 $\phi 16mm$ 底孔。

12）用 $\phi 15.8mm$ 钻头扩孔（也可以用 $\phi 10mm$ 立铣刀铣削沉孔）。

13）用 $\phi 16mm$ 铰刀铰削 $\phi 16mm$ 孔。

（6）夹具选用 铣床用自定心夹盘，也可以选用专用心轴和压板配合的夹紧方式。

2. 填写工序卡片

数控加工工艺卡片见表5-3，数控刀具卡片见表5-4。

表5-3 数控加工工艺卡片

数控加工工艺卡片			工序号		工序内容	
			1		孔加工	
			零件名称	材料	夹具名称	使用设备
			轴承端盖	铝合金	自定心卡盘	SV-08M 小型数控铣床
工步号	工步内容	加工面	刀具号	刀具规格 /mm	主轴转速 /（r/min）	进给量 /（mm/min）	背吃刀量 /mm	备注
---	---	---	---	---	---	---	---	---
1	粗、精铣削 $\phi 36mm$ 圆台	$\phi 36mm$ 圆台	T01	$\phi 20$	800 / 1200	100 / 50	2 / 10	
2	钻中心孔	$2 \times \phi 5mm$ 孔	T02	$\phi 3$	1200	10	3	
3	用 $\phi 4.8mm$ 钻头钻孔	$2 \times \phi 5mm$ 孔	T03	$\phi 4.8$	300	10	15	

（续）

数控加工工艺卡片			工序号		工序内容	
			1		孔加工	
			零件名称	材料	夹具名称	使用设备
			轴承端盖	铝合金	自定心卡盘	SV-08M 小型数控铣床
工步号	工步内容	加工面	刀具号	刀具规格 /mm	主轴转速 /（r/min）	进给量 /（mm/min） 背吃刀量 /mm 备注

工步号	工步内容	加工面	刀具号	刀具规格 /mm	主轴转速 /（r/min）	进给量 /（mm/min）	背吃刀量 /mm	备注
4	用 φ5mm 铰刀铰孔	2 × φ5H7 孔	T04	φ5	200	10	12	
5	翻面，钻中心孔	6 × φ6mm 孔、φ16mm 孔	T02	φ3	1200	10	3	
6	用 φ4.8mm 钻头钻孔	6 × M6 螺纹底孔	T03	φ4.8	300	10	18	
7	用 φ5mm 铰刀铰孔	6 × M6 螺纹底孔	T04	φ5	200	10	16	
8	用 φ10mm 键槽铣刀铣削沉头孔	6 × M10 沉头孔	T05	φ10	1000	30	5	
9	用 M6 丝锥攻螺纹	6 × M6 螺纹	T06	M6	200	200	16	
10	用 φ12mm 钻头钻孔	φ16mm 孔	T07	φ12	300	10	30	
11	用 φ15.8mm 钻头扩孔	φ16mm 孔	T08	φ15.8	300	10	30	
12	用 φ16mm 铰刀铰孔	φ16mm 孔	T09	φ16	200	10	30	

表 5-4　数控刀具卡片

零件图号					使用设备	
刀具名称					SV-018M	
刀具编号		换刀方式	手动	程序编号		
刀具组成	序号	编 号	刀具名称	规格/mm	数量	备注
	1	T01	立铣刀	φ20	1	
	2	T02	中心钻	φ3	1	
	3	T03	钻头	φ4.8	1	
	4	T04	铰刀	φ5	1	
	5	T05	键槽铣刀	φ10	1	
	6	T06	丝锥	M6	1	
	7	T07	钻头	φ12	1	
	8	T08	钻头	φ15.8	1	
	9	T09	铰刀	φ16	1	

3. 编写加工程序

（1）确定工件坐标系 以工件中心线与上表面的交点为原点建立工件坐标系，如图5-18所示。

（2）确定基点坐标 计算各基点的坐标（本例坐标计算简单，请自行计算）。

（3）填写加工程序单（表5-5）。

4. 输入程序

将程序输入数控装置并保存。

5. 装夹与对刀

1）将自定心卡盘安装在机床工作台上并找正。

2）将工件夹持在自定心卡盘上，注意工件露出高度不能小于加工深度，如图5-19所示。

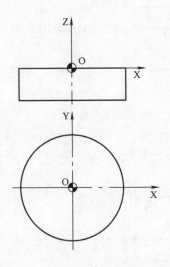

图 5-18 工件坐标系

图 5-19 工件夹持

表 5-5 数控加工程序单

加工程序	程序说明
程序1（用 $\phi20$ mm 立铣刀粗、精铣削 $\phi36$ mm 圆台）	
%0001	
G54	
M03 S800	
G00 X−50 Y−50	
Z30	
G01 Z0 F100	
#1 = 3	粗、精铣圆台程序
#2 = 100	
#101 = 10.2	
M98 P0002 L5	
M00	

（续）

加工程序	程序说明
#1 = 10	
#2 = 50	
#101 = 10	
M03 S1200	
G00 Z0	
M98 P0002	
G00 Z50	
X0 Y0	
M05	
M30	粗、精铣圆台程序
程序 2（子程序）	
%0002	
G91 G01 Z［-#1］F［#2］	
G90 G01 G41 X-18 Y-40 D101	
Y0	
G02 X-18 Y0 I18 J0	
G01 Y40	
X-40	
G40 G00 X-50 Y-50	
M99	
程序 3（用 ϕ3mm 中心钻钻中心孔）	
%0003	
G54	
M03 S1200 M08	
G00 X0 Y0	
Z30	
G99 G81 X0 Y13 Z-3 R5 F10	钻中心孔程序
G98 G81 X0 Y-13 Z-3 R5 F10	
G80	
G00 Z30	
X0 Y0	
M05 M09	
M30	
程序 4（用 ϕ4.8mm 钻头钻 2×ϕ5 底孔）	钻内孔程序
%0004	
G54	

（续）

加工程序	程序说明
M03 S300 M08	
G00 X0 Y0	
Z30	
G99 G83 X0 Y13 Z－15 R5 Q－2 P1 K1 F10	
G98 G83 X0 Y－13 Z－15 R5 Q－2 P1 K1 F10	钻内孔程序
G80	
G00 Z30	
X0 Y0	
M05 M09	
M30	
程序 5（用 ϕ5mm 铰刀铰削 2×ϕ5H7 孔）	
％0005	
G54	
M03 S200 M08	
G00 X0 Y0	
Z30	
G99 G82 X0 Y13 Z－12 R5 P1 F10	
G98 G82 X0 Y－13 Z－12 R5 P1 F10	铰削 2×ϕ5H7 孔程序
G80	
G00 Z30	
X0 Y0	
M05 M09	
M30	
程序 6（翻面，钻中心孔）	
％0006	
G54	
M03 S1200 M08	
G00 X0 Y0	
Z30	
G98 G81 X0 Y0 Z－3 R－5 F10	
G98 G81 X－24 Y0 Z－3 R－5 F10	钻中心孔程序
G98 G81 X－12 Y20.785 Z－3 R－5 F10	
G98 G81 X12 Y20.785 Z－3 R－5 F10	
G98 G81 X24 Y0 Z－3 R－5 F10	
G98 G81 X12 Y－20.785 Z－3 R－5 F10	
G98 G81 X－12 Y－20.785 Z－3 R－5 F10	

（续）

加工程序	程序说明
G80	钻中心孔程序
G00 Z30	
X0 Y0	
M05 M09	
M30	
程序7（用 φ4.8mm 钻头钻 6 × M6 螺纹内孔）	钻 6 × M6 螺纹内孔程序
%0007	
G54	
M03 S300 M08	
G00 X0 Y0	
Z30	
G98 G83 X0 Y0 Z – 30 R – 5 Q – 2 K1 P1 F10	
G98 G83 X – 24 Y0 Z – 18 R – 5 Q – 2 K1 P1 F10	
G98 G83 X – 12 Y20.785 Z – 18 R – 5 Q – 2 K1 P1 F10	
G98 G83 X12 Y20.785 Z – 18 R – 5 Q – 2 K1 P1 F10	
G98 G83 X24 Y0 Z – 18 R – 5 Q – 2 K1 P1 F10	
G98 G83 X12 Y – 20.785 Z – 18 R – 5 Q – 2 K1 P1 F10	
G98 G83 X – 12 Y – 20.785 Z – 18 R – 5 Q – 2 K1 P1 F10	
G80	
G00 Z30	
X0 Y0	
M05 M09	
M30	
程序8（用 φ5mm 铰刀铰削 6 × M6 螺纹内孔）	铰削 6 × M6 螺纹内孔程序
%0008	
G54	
M03 S300 M08	
G00 X0 Y0	
Z30	
G99 G82 X – 24 Y0 Z – 16 R – 5 P1 F10	
G99 G82 X – 12 Y20.785 Z – 16 R – 5 F10	
G99 G82 X12 Y20.785 Z – 16 R – 5 F10	
G99 G82 X24 Y0 Z – 16 R – 5 F10	
G99 G82 X12 Y – 20.785 Z – 16 R – 5 F10	
G98 G82 X – 12 Y – 20.785 Z – 16 R – 5 F10	
G80	

（续）

加工程序	程序说明
G00 Z30	铰削 6×M6 螺纹内孔程序
X0 Y0	
M05 M09	
M30	
程序 9（用 φ10mm 键槽铣刀铣削 6×φ10mm 沉头孔）	铣削 6×φ10mm 沉头孔程序
%0009	
G54	
M03 S1000 M08	
G00 X0 Y0	
Z30	
G98 G82 X−24 Y0 Z−5 R−5 P1 F30	
G98 G82 X−12 Y20.785	
G98 G82 X12 Y20.785	
G98 G82 X24 Y0	
G98 G82 X12 Y−20.785	
G98 G82 X−12 Y−20.785	
G80	
G00 Z30	
X0 Y0	
M05 M09	
M30	
程序 10（用 M6 丝锥攻螺纹）	攻螺纹程序
%0010	
G54	
M03 S200 M08	
G00 X0 Y0	
Z30	
G99 G84 X−24 Y0 Z−16 R5 P1 F200	
G99 G84 X−12 Y20.785	
G99 G84 X12 Y20.785	
G99 G84 X24 Y0	
G99 G84 X12 Y−20.785	
G98 G84 X−12 Y−20.785	
G80	
G00 Z30	
X0 Y0	

（续）

加工程序	程序说明
M05 M09	攻螺纹程序
M30	
程序 11 （用 φ12mm 钻头钻 φ16mm 底孔）	钻 φ16mm 内孔程序
％0011	
G54	
M03 S300 M08	
G00 X0 Y0	
Z30	
G98 G83 X0 Y0 Z－30 R5 Q－3 P1 K2 F10	
G80	
G00 Z30	
X0 Y0	
M05 M09	
M30	
程序 12 （用 φ15.8mm 钻头扩孔；也可以用 φ10mm 立铣刀铣孔，需另编程）	扩孔程序
％0012	
G54	
M03 S300 M08	
G00 X0 Y0	
Z30	
G98 G83 X0 Y0 Z－30 R5 Q－3 P1 K2 F10	
G80	
G00 Z30	
X0 Y0	
M05 M09	
M30	
程序 13 （用 φ16mm 铰刀铰削 φ16mm 孔）	铰孔程序
％0013	
G54	
M03 S200 M08	
G00 X0 Y0	
Z30	
G98 G82 X0 Y0 Z－30 R5 P1 F10	
G80	
G00 Z30	
X0 Y0	
M05 M09	
M30	

3）用试切法确定工件坐标系原点（-123.600，-148.900，-259.700），使用 G54 坐标系。

6. 程序校验及加工轨迹仿真

校验程序，并在机床锁住状态下查看刀具轨迹。

7. 自动加工

程序校验及加工轨迹仿真无误后，即可开始进行自动加工。

8. 检测

根据图样要求对零件进行检测，如不合格，应找出原因，并修改程序、刀补值、切削用量等参数重新加工，直到加工出合格的零件为止。

9. 任务评价

孔系加工任务评价见表 5-6。

表 5-6　孔系加工任务评价表

班级		学号		姓名	
检测项目	要求	配分	评分标准	检测结果	得分
尺寸	上平面、φ36mm 圆台高度	10 分	误差在 ±0.05mm 范围内		
	φ5H7、φ10mm、φ16mm	10 分	误差在 ±0.05 范围内		
	M6	10 分	用螺纹塞规检测合格		
表面粗糙度	所有加工表面粗糙度	10 分	每降一级扣 2 分		
安全文明生产	着装规范，未发生受伤等事故	3 分	违反全扣		
	刀具、工具、量具放置在合理位置	3 分	不合理全扣		
	工件装夹、刀具安装规范	3 分	不规范全扣		
	卫生、设备保养规范	3 分	不合格全扣		
	关机后机床停放位置合理	3 分	不合理全扣		
	未严重违反操作规程，未发生重大安全事故	9 分	较为严重的违反操作规程行为扣 9 分，发生重大安全事故停止训练		
操作规范	开机前的检查和开机顺序正确	3 分	不正确全扣		
	正确对刀并建立工件坐标系	3 分	不正确全扣		
	正确设置参数	3 分	不合理全扣		
	正确仿真和校验程序	3 分	不正确全扣		
程序编制	指令使用正确，程序完整	3 分	指令使用不正确，程序不完整全扣		
	正确运用刀具半径补偿和长度补偿功能	3 分	不正确全扣		
	数值计算正确	3 分	不正确全扣		

（续）

班级			学号		姓名	
检测项目	要求	配分	评分标准		检测结果	得分
工艺合理	工件定位和夹紧合理	3分	不合理全扣			
	会找正夹具和工件	3分	不正确全扣			
	加工顺序合理	3分	不合理全扣			
	刀具选择合理	3分	不合理全扣			
	关键工序安排存在错误	3分	存在错误全扣			
总评分		100	总得分			

五、知识拓展

1. 深孔钻削系统

按照工艺特点，可以将深孔钻削系统分为外排屑系统（枪钻系统）和内排屑系统（BTA 系统、喷吸钻系统和 DF 系统）。

（1）枪钻系统　深孔加工起源于枪管的加工，因此称为枪钻系统。枪钻系统结构简单、使用方便、加工比较准确、孔的直线性较好、成本低廉，所以使用到现在还在不断发展。枪钻钻杆采用压有 V 形槽的无缝钢管，切削加工时，切削液从钻杆内部流到切削区，再把切屑从孔壁与钻杆的 V 形空隙中推出，因此它属于外排屑深孔钻削系统。由于切屑排出空间较大，所以排屑比较容易。但是，因为刀具系统刚性不足，V 形钻杆易产生扭曲和挠曲，不能采用大的进给量，所以限制了其加工效率的提高。同时，随着新材料的不断出现和对深孔加工规格、精度要求的不断提高，再依靠枪钻解决大尺寸深孔的加工问题已不现实。

（2）BTA 系统　德国希勒公司于 1942 年研究出了一种新的深孔钻削系统——BTA 深孔钻削系统。这种系统多用于 $\phi12 \sim \phi120\text{mm}$ 深孔的加工，加工精度可达 IT4 ~ IT2，表面粗糙度值小于 $Ra3.2\mu\text{m}$；其钻杆呈圆形，刚性好，生产率比枪钻系统提高了 5 ~ 10 倍。加工时，切削液由孔壁与钻杆之间的间隙流至切削区，将切屑从钻杆内部推出。加工小直径深孔时，切削液流动的缝隙变窄，易造成切屑堵塞，因此，直径小于 $\phi12\text{mm}$ 的深孔不宜采用 BTA 系统加工。

（3）喷吸钻系统　1963 年，喷吸钻系统诞生于瑞典 Sandvik 公司，这是一种把人们习惯依靠切削液推出切屑的外排屑方式转变为依靠切削液吸出切屑的新型系统。它巧妙地解决了 BTA 系统中高压输油密封装置存在的制造和密封问题，从而使深孔加工技术发展到一个新阶段。喷吸钻系统的特点是压力可降低一半，因此不需要高压密封装置，适合加工 $\phi20 \sim \phi65\text{mm}$ 的深孔。喷吸钻使用双层钻杆，切削时一部分切削液经过内、外管之间的环形空隙，通过刀具上的切削液出口到达切削区，当切削液在切削区的压力几乎与大气压力相同时，在内管中形成负压区（即低压区）；另一部分切削液通过设在钻杆后方的喷射装置喷向后方，把钻杆前部的切屑和切削液吸出来。

2. 深孔钻削刀具

深孔钻削刀具经历了一个从高速工具钢到硬质合金、从焊接式到机夹式的发展过程。起初，枪钻采用高速工具钢作为刀具材料进行深孔加工；自从硬质合金诞生以来，由于其硬度（特别是高温硬度）、耐磨性和耐热性都优于高速工具钢，因此硬质合金很快被用作深孔加工的刀具材料。目前，大部分深孔加工刀具采用焊接式或机夹式硬质合金制造，只有少部分采用高速工具钢制造。硬质合金的切削性能比高速工具钢好得多，刀具使用寿命可提高几十倍，或者在同样的使用寿命下，其允许的切削速度可提高几十倍。因此，硬质合金的应用使深孔加工效率、加工质量都得到了很大的提高。

对于焊接式深孔钻削刀具，如果其切削刃发生破坏，则修复周期比较长，不利于生产率的提高；另外，刀片经过焊接容易引起硬度下降，产生应力裂纹等缺陷。因此，近年来机夹式刀具得到了快速发展。在美国，机夹式刀具占所有刀具的90%，瑞典已达到95%，而我国机夹式刀具数量只占5%~10%。

深孔加工中所采用的深孔钻头，主要根据所使用的深孔钻削系统而定，对于较大孔径（$d \geqslant \phi 20mm$）的深孔，一般采用 BTA 或 DF 深孔钻削系统。DF 系统中的深孔钻头为内排屑错齿深孔钻头，在钛合金等难加工材料的深孔加工中，针对材料的切削性能特点，在深孔钻头的设计上进行了一些改进，其主要特点如下：

1）在刀齿结构上，采用外齿和中心齿在同一锥面上、中间齿高出 H 值的分布形式。其优点是中间齿与中心齿的轴向间距短，中心齿的切削条件有所改善，钻削轻快，刃磨方便，分屑效果明显。因此可以采用较大的进给量，生产率较高。

2）在刀具及导向块材料上加工钛合金材料时，均选用 K 类硬质合金，避免采用 P 类硬质合金，以免与钛合金产生亲和作用而降低刀具的耐磨性。

3）在刀具的角度上，宜采用较小的前角（0°~5°），以改善刀具的散热条件和增强切削刃的强度；对于加工软合金的钻头，为了克服因回弹造成的摩擦，可适当加大后角。

4）导向块的滞后量可适当加大，一般取 2~3mm，这样可以减少由于合金材料的回弹和外齿刀尖的磨损而造成导向块超前切削的可能性，并减小进给力。

5）钻头导向块和外缘副切削刃一般磨出倒锥，这主要是为了减小导向块及外缘副切削刃对已加工孔壁的摩擦和导向块对孔壁的挤压作用，倒锥量一般选取 0.005mm/100mm；对于钛合金，考虑到孔壁回弹量较大，应适当加大倒锥量，可取 0.08mm/100mm。

6）采用内斜式断屑槽，断屑槽底圆弧半径较大，这样有利于断屑。

3. 保证深孔钻削质量的措施

由于钻杆细而长，刚度低、强度差，加工中往往容易发生孔的轴向倾斜，使排屑和冷却困难，稍有不慎便会造成钻头折断。一般可采取以下措施：

1）采用分段分级依次钻削加工。将深孔钻头分为由小到大的几种长度依次装夹，依次钻削；同时，选择与钻头长度相应的、合理的钻削参数进行加工。

2）由于工件孔周边壁厚的差异较大，大量的切削热集中在孔距离工件外表面较近的区域；又由于在工件温度偏高区域的一侧，切削阻力下降，导致所钻孔的轴线偏斜，因此，应着重降低切削热集中区域的温度。采用海绵条吸满冷水覆盖在热量集中的区域进行冷却，可收到明显的效果。

3）经常退出钻头进行冷却并清除切屑。采用这种简便易行的深孔加工方法，较好地解决了深孔加工中的刀具、导向、散热和排屑问题，使深孔加工后的尺寸精度有了很大提高，表面粗糙度值也有所降低，孔的直线度也非常好。

4. 深孔钻削特点

深孔钻削是一种比较复杂的工艺过程。钻孔属于半封闭式切削，孔加工的排屑、散热和

导向问题, 在深孔钻削过程中显得更加尖锐, 其主要特点如下:

1) 钻孔时, 不能直接观察刀具的切削状况, 工作过程中只能凭声音、切屑、仪表 (油压表及电表等)、振动等外观现象来判断切削过程是否正常。

2) 孔的深径比大、钻杆细而长、刚性差、易振动、易走偏, 因此, 支承导向极为重要。

3) 由于排屑空间受到钻杆的限制, 所以排屑比较复杂和困难。必须保证可靠断屑, 切屑的长短和形状要加以控制, 否则会因切屑堵塞排屑通道而引起刀具损坏。

4) 切削热不易散出, 工作条件恶劣, 必须采取有效的冷却措施。

六、综合练习

用规格为 ϕ32mm×55mm 的亚克力棒料, 加工如图 5-20 所示的钻套类零件, 试编写其数控加工程序并进行加工。

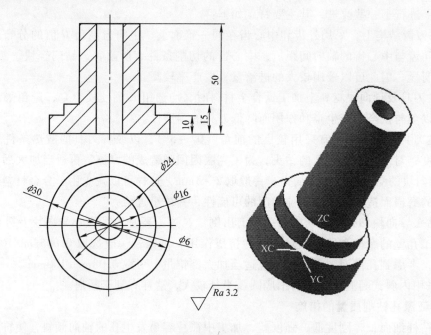

图 5-20　钻套类零件

任务二　镗　孔

一、学习目标

1) 掌握镗孔类零件的加工工艺及相关指令格式。
2) 能灵活运用镗孔类加工指令进行程序编制。
3) 能合理选择刀具及确定切削用量。

二、任务分析

用规格为 80mm×70mm×30mm 的亚克力毛坯, 加工如图 5-21 所示的零件, 试编写其数控加工程序并进行加工。

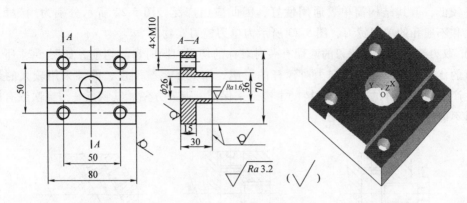

图 5-21 镗孔零件图

本例加工面为 36mm 台阶、ϕ26mm 的孔和 4 个 M10 螺纹孔，需要使用铣床，通过镗孔循环指令实现镗孔加工。

三、相关理论

1. 镗孔加工工艺要求

镗孔是使用镗刀对已钻出的孔或毛坯孔进行进一步加工的方法。镗孔的通用性较强，可以粗、精加工不同尺寸的孔，可以镗通孔、不通孔和阶梯孔，还可以加工同轴孔系、平面、孔系等。粗镗孔的公差等级为 IT13 ~ IT11，表面粗糙度值为 $Ra12.5 ~ 6.3\mu m$；半精镗孔的公差等级为 IT10 ~ IT9，表面粗糙度值为 $Ra3.2 ~ 1.6\mu m$；精镗孔的公差等级可达 IT6，表面粗糙度为 $Ra0.4 ~ 0.1\mu m$。镗孔具有修正形状误差和位置误差的功能。

（1）镗孔加工方法 镗孔可以分为粗镗、半精镗和精镗等，主要取决于孔的精度要求、工件材质和零件结构等。

1）粗镗。粗镗主要是对工件的毛坯孔（铸造、锻造）或对钻、扩后的孔进行预加工，为下一步精加工作准备，并及时发现毛坯中的缺陷（如砂眼、夹杂、裂纹等）。粗镗一般留 2 ~ 3mm 的单边余量作为半精镗和精镗的余量。对于精密的箱体类工件，一般粗镗后还要安排回火或时效处理，以消除粗镗时的内应力，最后再进行精镗。

2）半精镗。半精镗是精镗的预备工序，主要解决粗镗时残留下来的余量不均问题。对于精度要求较高的孔，半精镗一般分两次进行，第一次主要去除粗镗时留下的不均匀部分，第二次是镗削剩下的余量，以提高孔的尺寸精度和几何精度，减小表面粗糙度值。半精镗后一般留 0.3 ~ 0.4mm 的精镗余量（单边）；对于精度要求不高的孔，粗镗后可以直接进行精镗，不必安排半精镗工序。

3）精镗。精镗是在粗镗和半精镗的基础上，用较高的切削速度和较小的进给量，去除粗镗和半精镗留下的较小余量，达到图样规定的内孔表面要求。粗镗后通常应将工件松一下，以减少夹紧变形对加工精度的影响。精镗背吃刀量应大于 0.01mm，进给量大于或等于 0.05mm/r。

（2）镗孔常用刀具

1）单刃镗刀。单刃镗刀与车刀类似，但刀具的大小受孔径尺寸的限制，刚度较差，容易发生振动，所以在切削条件相同时，镗孔的切削用量一般比车削小 20%。单刃镗刀镗孔生产率较低，但其结构简单、通用性好，因此应用广泛。图 5-22 所示分别为用镗削通孔、阶梯孔和不通孔的单刃镗刀，图 5-23 所示为单刃镗刀实物图。

　　2）双刃镗刀。双刃镗刀的两端有一对对称的切削刃同时参与切削，如图 5-24 所示。双刃镗刀的优点是可以消除背向力对镗杆的影响，增大了系统刚度，能够采用较大的切削用量，生产率高；工件的孔径尺寸精度由镗刀来保证，调刀方便。其缺点是刃磨次数有限，刀具材料不能得到充分利用。

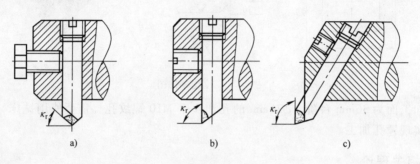

图 5-22　常用镗刀

a）通孔镗刀　b）阶梯孔镗刀　c）不通孔镗刀

图 5-23　单刃镗刀

图 5-24　机夹式双刃镗刀

　　3）微调镗刀。为了提高镗刀的调整精度，在数控机床上常使用微调镗刀（图 5-25）。这种镗刀的径向尺寸可在一定范围内进行调整，其分度值可达 0.01mm，且结构比较简单，刚性大。

　　加工中心使用的刀具种类较多，应根据加工中心的加工能力、工件材料的性能、加工工序、切削用量及其他相关因素正确选用刀具及刀柄。刀具选择的总原则是：安装调整方便、刚性大、使用寿命长、精度高。在满足加工要求的前提下，应尽量选择较短的刀柄，以提高刀具的加工刚度。

　　（3）镗刀的安装

　　1）刀杆伸出刀架处的长度应尽可能短，以增加刚性，避免因刀杆弯曲变形而使孔产生锥度

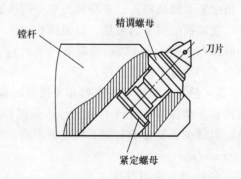

图 5-25　微调镗刀

误差。

2）刀尖应略高于工件旋转中心，以减少振动和扎刀现象，防止镗刀下部碰坏孔壁而影响加工精度。

3）刀杆要装正，不能歪斜，以防止刀杆碰坏已加工表面。

（4）工件的安装

1）铸孔或锻孔毛坯工件，装夹时一定要根据内、外圆找正，既要保证内孔有加工余量，又要保证其与非加工表面的相互位置要求。

2）装夹薄壁孔件时不能夹得太紧，否则加工后的工件会产生变形，影响镗孔精度。对于精度要求较高的薄壁孔类零件，在粗加工之后、精加工之前，应稍将卡爪放松（夹紧力要大于切削力），然后进行精加工。

2. 常用镗孔加工循环指令

（1）G76 精镗循环

1）指令格式：

G98（G99）G76 X__ Y__ Z__ R__ Q__ P__ I__ J__ F__ L__。

2）功能：主要用于精密镗孔加工。

3）说明。

① X、Y 为绝对编程时，是孔中心在 XY 平面内的坐标位置；增量编程时，是孔中心在 XY 平面内相对于起点的增量值。

② Z 为绝对编程时，是孔底 Z 点的坐标值；增量编程时，是孔底 Z 点相对于参照点 R 的增量值。

③ R 为绝对编程时，是参照点 R 的坐标值；增量编程时，是参照 R 点相对于初始点 B 的增量值。

④ I 为 X 轴方向偏移量，只能为正值。

⑤ J 为 Y 轴方向偏移量，只能为正值。

⑥ P 为孔底停顿时间。

⑦ F 为镗孔进给速度。

⑧ L 为循环次数（一般用于多孔加工，故 X 或 Y 应为增量值）。

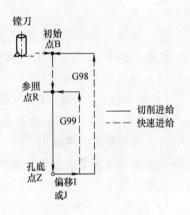

图 5-26 G76 动作组成

4）动作组成（图 5-26）。

① 刀位点快移到孔中心上方点 B。

② 快移接近工件表面，到点 R。

③ 向下以 F 速度镗孔，到达孔底点 Z。

④ 孔底延时 Ps（主轴维持旋转状态）。

⑤ 主轴定向，停止旋转。

⑥ 镗刀向刀尖反方向快速移动 I 或 J。

⑦ 向上快速退到点 R 高度（G99）或点 B 高度（G98）。

⑧ 向刀尖正方向快移 I 或 J，刀位点回到孔中心上方点 R 或点 B。

⑨ 主轴恢复正转。

注意：如果 Z 轴移动量为零，则该指令不执行。

执行 G76 循环时，刀具以切削进给速度加工到孔底后实现主轴准停，刀具向与刀尖相反的方向移动 I 或 J（I、J 值为模态，其值只能为正值，位移方向在装刀时确定），使刀具脱离工件表面，然后退刀。这样不会擦伤加工表面，可实现高效率、高精度镗削加工。

（2）镗孔循环 G85

1）指令格式：G98（G99）G85 X __ Y __ Z __ R __ P __ F __ L __。

2）功能。该指令主要用于精度要求不太高的镗孔加工，还可以用于铰孔和扩孔加工。

3）说明。各参数含义与 G76 中相同。

4）动作组成（图 5-27）。

① 刀位点快移到孔中心上方点 B。

② 快移接近工件表面，到点 R。

③ 向下以 F 速度镗孔。

④ 到达孔底点 Z。

⑤ 孔底延时 Ps（主轴维持旋转状态）。

⑥ 向上以 F 速度退到点 R（主轴维持旋转状态）。

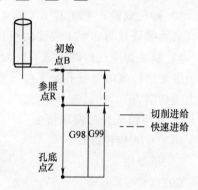

图 5-27　G85 动作组成

⑦ 如果是 G98 状态，则还要向上快速退到点 B。

注意：如果 Z、Q、K 的移动量为零，则该指令不执行。

（3）镗孔循环 G86

1）指令格式：G98（G99）G86 X __ Y __ Z __ R __ F __ L __。

2）功能。刀具以切削进给方式加工到孔底，但在孔底时主轴停止，然后刀具快速退回 R 平面或初始平面，主轴再正转。由于刀具在退回过程中容易在工件表面划出条痕，所以该指令主要用于精度或表面粗糙度要求不太高的镗孔加工。数控铣床用它来进行锪镗循环及镗阶梯孔循环加工。

3）说明。各参数含义与 G76 中相同。

4）动作组成（图 5-28）。

① 刀位点快移到孔中心上方点 B。

② 快移接近工件表面，到点 R。

③ 向下以 F 速度镗孔。

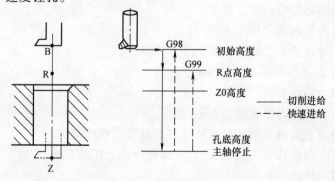

图 5-28　G86 动作组成

④　到达孔底点 Z。

⑤　孔底延时 Ps（主轴维持旋转状态）。

⑥　主轴停止旋转。

⑦　向上快速退到点 R（G99）或点 B（G98）。

⑧　主轴恢复正转。

注意： 如果 Z 的移动位置为零，则该指令不执行。

（4）反镗循环 G87

1）指令格式：G98 G87 X ＿ Y ＿ Z ＿ R ＿ P ＿ I ＿ J ＿ F ＿ L ＿。

2）功能。该指令一般用于镗削上小下大的孔，其孔底点 Z 一般在参照点 R 的上方，与其他指令不同。

3）说明。各参数含义与 G76 中相同。

4）动作组成（图 5-29）。

①　刀位点快移到孔中心上方点 B。

②　主轴定向，停止旋转。

③　镗刀向刀尖反方向快速移动 I 或 J。

④　快速移到点 R。

⑤　镗刀向刀尖正方向快速移动 I 或 J，4 刀位点回到孔中心 X、Y 坐标处。

⑥　主轴正转。

⑦　向上以 F 速度镗孔，到达孔底点 Z。

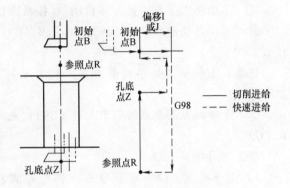

图 5-29　G87 动作组成

⑧　孔底延时 Ps（主轴维持旋转状态）。

⑨　主轴定向，停止旋转。

⑩　刀尖反方向快速移动 I 或 J，向上快速退到点 B 高度（G98）。

⑪　向刀尖正方向快速移动 I 或 J，刀位点回到孔中心上方点 B 处。

⑫　主轴恢复正转。

注意： ①　如果 Z 的移动量为零，则该指令不执行。

②　此指令中不得使用 G99，如使用则出现"固定循环格式错"报警。

（5）镗孔循环（手镗）G88

1）指令格式：G98（G99）G88 X ＿ Y ＿ Z ＿ R ＿ P ＿ F ＿ L ＿。

2）功能。该指令在镗孔前记忆了初始点 B 或参照点 R 的位置，机床在镗刀自动加工到孔底后停止运行，此时手动将工作方式转换为"手动"，通过手动操作使刀具抬刀到点 B 或点 R 高度上方，并避开工件。然后工作方式恢复为"自动"，再循环启动程序，刀位点回到点 B 或点 R。

铣床通过此指令可完成半精镗和精镗加工，不需主轴准停功能。它能够提高孔的加工精度，但是加工效率较低，不适用于大批量镗孔加工。

3）说明。各参数含义同 G76。

4）动作组成（图 5-30）。

①　在"自动"工作方式下，刀位点快速移动到孔中心上方点 B。

②　快速移到点 R。

③　向下以 F 速度镗孔，到达孔底点 Z。

④　孔底延时 Ps（主轴维持旋转状态），之后主轴停止旋转。

⑤　手动将工作方式置为"手动"，手动抬刀，注意避免损坏刀具，直到高于点 R（G99）或点 B（G98）高度为止（否则下面的步骤无效）。

⑥　手动将主轴旋转起来。

⑦　手动将工作方式置为"自动"，按机床操作面板上的"循环启动"按钮。

⑧　刀位点快速到点 R（699）或点 B（G98）位置。

注意：①如果 Z 的移动量为零，则该指令不执行。

②　手动抬刀高度必须高于点 R（G99）或点 B（G98）。

（6）镗孔循环 G89

1）指令格式。G89 指令与 G85 指令格式相同，但在孔底有暂停。

2）功能。主要用于阶梯孔的加工。

3）动作组成如图 5-31 所示。

注意：如果 Z 的移动量为零，则 G89 指令不执行。

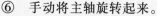

图 5-30　G88 动作组成

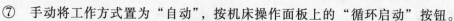

图 5-31　G89 动作组成

四、操作实践

1. 确定加工工艺

（1）加工方式　立式数控铣削。

（2）加工设备　SV-08M 小型数控铣床。

（3）毛坯材料　铝合金。

（4）加工刀具

1）80mm×36mm 凸台需要铣削，可以选择 ϕ20mm（T01）立铣刀，分粗、精铣。

2）4×M10 螺纹孔需要钻、扩孔和攻螺纹，所用刀具为 ϕ3mm 中心钻（T02）、ϕ6mm 钻头（T03）、ϕ8.5mm 扩孔钻（T04）和 M10 丝锥（T05）。

3）ϕ26mm 的孔需要钻、扩、粗镗和精镗加工，所用刀具为 ϕ3mm 中心钻（T02）、ϕ12mm 钻头（T06）、ϕ18mm 钻头（T07）、ϕ24mm 钻头（T08）、ϕ25.7mm 镗刀（T09）和 ϕ26mm 镗刀（T10）。

（5）工艺路线

1）用 ϕ20mm 立铣刀粗、精铣削 80mm×36mm 凸台。

2）用 φ3mm 中心钻钻 5 个中心孔。

3）用 φ6mm 钻头钻螺纹底孔。

4）用 φ8.5mm 扩孔钻扩孔。

5）用 M10 丝锥攻螺纹。

6）用 φ12mm 钻头钻底孔。

7）用 φ18mm 钻头扩孔。

8）用 φ24mm 钻头扩孔。

9）用 φ25.7mm 镗刀粗镗孔。

10）用 φ26mm 镗刀精镗孔。

（6）夹具选用　该零件可用平口钳装夹。

2. 填写工序卡片

数控加工工艺卡片见表 5-7，数控刀具卡片见表 5-8。

表 5-7　数控加工工艺卡片

数控加工工艺卡片			工序号		工序内容			
			1		镗孔加工			
			零件名称	材料	夹具名称		使用设备	
			镗孔零件	铝合金	自定心卡盘		SV-08M 小型数控铣床	
工步号	工步内容	加工面	刀具号	刀具规格/mm	主轴转速/（r/min）	进给量/（mm/min）	背吃刀量/mm	备注
1	粗、精铣削 36mm 凸台	80mm×36mm 凸台	T01	φ20	800 / 1200	100 / 50	3 / 15	
2	钻中心孔	φ26mm 孔和 4×M10 螺纹底孔	T02	φ3	1200	10	3	
3	用 φ6mm 钻头钻孔	4×M10 螺纹孔	T03	φ6	300	10	15	
4	用 φ8.5mm 扩孔钻扩孔	4×M10 螺纹孔	T04	φ8.5	200	10	12	
5	用 M10 丝锥攻螺纹	4×M10 螺纹	T05	M10 丝锥	200	300	16	
6	用 φ12mm 钻头钻孔	φ26mm 螺纹孔	T06	φ12	300	10	35	
7	用 φ18mm 扩孔钻扩孔	φ26mm 孔	T07	φ18	300	10	35	
8	用 φ24mm 扩孔钻扩孔	φ26mm 孔	T08	φ24	300	10	35	
9	用 φ25.7mm 镗刀粗镗孔	φ26mm 孔	T09	φ25.7	800	80	35	
10	用 φ26mm 镗刀精镗孔	φ26mm 孔	T10	φ26	1200	30	35	

表 5-8　数控刀具卡片

零件图号			数控刀具卡片			使用设备	
刀具名称						SV-08M	
刀具编号		换刀方式	手动	程序编号			
刀具组成	序号	编　号	刀具名称	规格/mm	数量	备注	
	1	T01	立铣刀	$\phi20$	1		
	2	T02	中心钻	$\phi3$	1		
	3	T03	钻头	$\phi6$	1		
	4	T04	钻头	$\phi8.5$	1		
	5	T05	丝锥	M10 丝锥	1		
	6	T06	钻头	$\phi12$	1		
	7	T07	钻头	$\phi18$	1		
	8	T08	钻头	$\phi24$	1		
	9	T09	镗刀	$\phi25.7$	1		
	10	T10	镗刀	$\phi26$	1		

3. 编制加工程序

（1）确定工件坐标系　工件坐标系原点设在零件上表面，如图 5-32 所示。

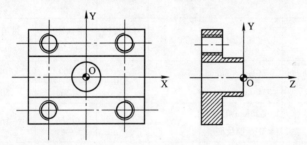

图 5-32　工件坐标系

（2）确定基点坐标（略）

（3）填写加工程序单（表 5-9）

表 5-9　加工程序单

加工程序	程序说明
程序 1（用 $\phi20$mm 立铣刀粗、精铣削 80mm×36mm 凸台）	
%0001	
G54	
M03 S800	
G00 X–70 Y–50	粗、精铣凸台程序
Z30	
G01 Z0 F100	
#1 = 2.9	
#2 = 100	

（续）

加工程序	程序说明
#101 = 10. 2	
M98 P0002 L5	
M00	
#1 = 15	
#2 = 50	
#101 = 10	
G00 Z0	粗、精铣凸台程序
M03 S1200	
M98 P0002	
G00 Z50	
X0 Y0	
M05	
M30	
程序 2（子程序）	
%0002	
G91 G01 Z［-#1］F［#2］	
G90 G01 G42 X-45 Y-18 D101	
X45	子程序
Y18	
X-45	
G40 G00 X-70 Y-50	
M99	
程序 3（用 φ3mm 中心钻钻中心孔）	
%0003	
G54	
M03 S1200 M08	
G00 X0 Y0	
Z30	
G99 G81 X25 Y25 Z-3 R-10 F10	
G98 G81 X-25 Y25 Z-3 R-10 F10	钻中心孔程序
G99 G81 X-25 Y-25 Z-3 R-10 F10	
G98 G81 X25 Y-25 Z-3 R-10 F10	
G98 G81 X0 Y0 Z-3 R-10 F10	
G80	
G00 Z30	
X0 Y0	

（续）

加工程序	程序说明
M05 M09	钻中心孔程序
M30	
程序 4 （用 φ6mm 钻头钻 4×M10 螺纹底孔）	钻孔程序
%0004	
G54	
M03 S300 M08	
G00 X0 Y0	
Z30	
G99 G83 X25 Y25 Z−35 R−10 Q−2 P2 K1 F10	
G98 G83 X−25 Y25 Z−35 R−10 Q−2 P2 K1 F10	
G99 G83 X−25 Y−25 Z−35 R−10 Q−2 P2 K1 F10	
G98 G83 X25 Y−25 Z−35 R−10 Q−2 P2 K1 F10	
G80	
G00 Z30	
X0 Y0	
M05 M09	
M30	
程序 5 （用 φ8.5mm 钻头扩 4×M10 螺纹底孔）	扩孔程序
%0005	
G54	
M03 S200 M08	
G00 X0 Y0	
Z30	
G99 G83 X25 Y25 Z−35 R−10 Q−2 P2 K1 F10	
G98 G83 X−25 Y25 Z−35 R−10 Q−2 P2 K1 F10	
G99 G83 X−25 Y−25 Z−35 R−10 Q−2 P2 K1 F10	
G98 G83 X25 Y−25 Z−35 R−10 Q−2 P2 K1 F10	
G80	
G00 Z30	
X0 Y0	
M05 M09	
M30	
程序 6 （用 M10 丝锥攻螺纹）	攻螺纹程序
%0006	
G54	
M03 S200 M08	

加工程序	程序说明
G00 X0 Y0	
Z30	
G99 G84 X25 Y25 Z－35 R－10 P1 F300	
G98 G84 X－25 Y25 Z－35	
G99 G84 X－25 Y－25 Z－35 R－10	
G98 G84 X25 Y－25 Z－35	攻螺纹程序
G80	
G00 Z30	
X0 Y0	
M05 M09	
M30	
程序 7（用 φ12mm 钻头钻 φ26mm 底孔）	
％0007	
G54	
M03 S300 M08	
G00 X0 Y0	
Z30	
G99 G83 X0 Y0 Z－35 R5 Q－2 K1 P1 F10	钻 φ26mm 内孔程序
G80	
G00 Z30	
X0 Y0	
M05 M09	
M30	
程序 8（用 φ18mm 钻头扩 φ26mm 孔）	
％0008	
G54	
M03 S300 M08	
G00 X0 Y0	
Z30	
G99 G83 X0 Y0 Z－35 R5 Q－2 K1 P1 F10	扩孔程序
G80	
G00 Z30	
X0 Y0	
M05 M09	
M30	

（续）

加工程序	程序说明
程序 9（用 ϕ24mm 钻头扩 ϕ26mm 孔）	
%0009	
G54	
M03 S300 M08	
G00 X0 Y0	
Z30	扩孔程序
G99 G83 X0 Y0 Z－35 R5 Q－2 K1 P1 F10	
G80	
G00 Z30	
X0 Y0	
M05 M09	
M30	
程序 10（用 ϕ25.7mm 镗刀粗镗孔）	
%0010	
G54	
M03 S800 M08	
G00 X0 Y0	
Z30	
G98 G85 X0 Y0 Z－35 R5 P1 F80	粗镗孔程序
G80	
G00 Z30	
X0 Y0	
M05 M09	
M30	
程序 11（用 ϕ26mm 镗刀精镗孔）	
%0011	
G54	
M03 S1200 M08	
G00 X0 Y0	
Z30	
G98 G85 X0 Y0 Z－35 R5 P1 F30	精镗孔程序
G80	
G00 Z30	
X0 Y0	
M05 M09	
M30	

4. 输入程序

5. 装夹与对刀

1）将平口钳安装在机床工作台上并找正。

2）将工件夹持在平口钳上并找正，工件应超出钳口 20mm。

3）用试切法确定工件坐标系原点，将其数据存储于 G54 坐标系中。

6. 程序校验及加工轨迹仿真

在机床锁住状态下进行程序校验和仿真，如有问题应修改程序。

7. 自动加工

程序校验和仿真无误后，即可进行自动加工。

8. 检测

用游标卡尺、螺纹塞规、表面粗糙度样板等，对零件进行检测。

9. 任务评价

镗孔加工任务评价见表 5-10。

表 5-10 镗孔加工任务评价表

班级		学号		姓名	
检测项目	要求	配分	评分标准	检测结果	得分
尺寸	上平面、80mm 和 36mm 凸台高度	10 分	误差在 ±0.05mm 范围内		
	$\phi26mm$	10 分	误差在 ±0.05mm 范围内		
	M10	10 分	用螺纹塞规检测合格		
表面粗糙度	所有加工表面粗糙度符合要求	10 分	每降一级扣 2 分		
安全文明生产	着装规范，未发生受伤等事故	3 分	违反全扣		
	刀具、工具、量具放置在合理位置	3 分	不合理全扣		
	工件装夹、刀具安装规范	3 分	不规范全扣		
	卫生、设备保养规范	3 分	不合格全扣		
	关机后机床停放位置合理	3 分	不合理全扣		
	严重违反操作规程，发生重大安全事故	9 分	较为严重的违反操作规程行为扣 9 分，发生重大安全事故停止训练		
操作规范	开机前的检查和开机顺序正确	3 分	不正确全扣		
	正确对刀和建立工件坐标系	3 分	不正确全扣		
	正确设置参数	3 分	不合理全扣		
	正确仿真和校验程序	3 分	不正确全扣		

（续）

班级			学号		姓名	
检测项目	要求	配分	评分标准		检测结果	得分
程序编制	指令使用正确，程序完整	3分	指令使用不正确，程序不完整全扣			
	正确运用刀具半径补偿和长度补偿功能	3分	不正确全扣			
	数值计算正确	3分	不正确全扣			
工艺合理	工件定位和夹紧合理	3分	不合理全扣			
	会找正夹具和工件	3分	不正确全扣			
	加工顺序合理	3分	不合理全扣			
	刀具选择合理	3分	不合理全扣			
	关键工序安排存在错误	3分	存在错误全扣			
总评分		100	总得分			

五、知识拓展

1. 孔径检测方法选用原则

就结构特征而言，孔径检测属于内尺寸检测。在机械零件几何尺寸的检测中，孔径的检测占有很大比例，其检测方法和器具较多。根据生产批量、被测尺寸、加工精度等因素，可选择不同的检测器具和方法。

（1）生产批量较大的产品　一般用光滑极限量规对外圆和内孔进行检测。光滑极限量规是一种无刻度的专用检测工具，用它检测零件时，只能确定零件是否在允许的极限尺寸范围内，不能测量出零件的实际尺寸。

（2）一般精度的孔　当生产数量较少时，可用杠杆千分尺、外径千分尺、内径千分尺和游标卡尺等进行绝对测量，也可用千分表、百分表、内径百分表等进行相对测量。

（3）较高精度的孔　应采用机械式比较仪、光学比较仪、万能测长仪、电动测微仪、气动量仪和接触式干涉仪等精密仪器以及三坐标测量机等进行测量。

2. 常用孔径测量量具和量仪

通常使用内卡钳、游标卡尺、塞规和内径千分尺、内径百分表、内径量表、内径测微仪、三坐标测量机等测量孔径。

六、综合练习

用规格为100mm×80mm×15mm的亚克力毛坯，加工如图5-33所示的零件，试运用镗孔固定循环指令编写数控加工程序并进行加工。（要求编写零件加工工艺，并列出所用加工刀具）

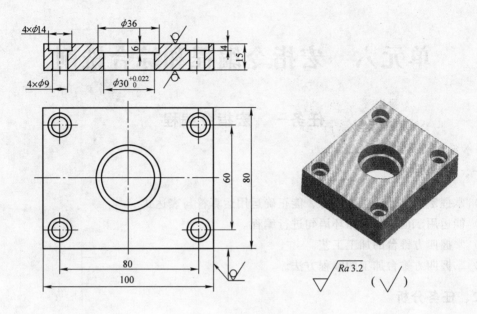

图 5-33　镗孔加工练习零件图

单元六 宏指令编程和综合铣削

任务一 宏指令编程

一、学习目标

1）掌握宏变量及常量的概念，能正确运用运算符与表达式。
2）能运用赋值语句和循环语句进行编程。
3）掌握四方锥台的加工工艺。
4）掌握四方锥台加工的编程方法。

二、任务分析

用规格为 42mm × 42mm × 15mm 的亚克力板毛坯，加工如图 6-1 所示的四方锥台零件，试编写其加工程序并进行加工。

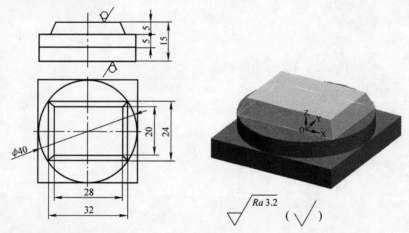

图 6-1 四方锥台

三、相关理论

1. 宏变量及常量的概念

（1）宏变量 在常规的主程序和子程序中，总是将一个具体的数值赋给一个地址。为了使程序更具通用性和更加灵活，通常在宏程序中设置变量。

1）变量的表示。变量可以用"#"号和紧跟其后的变量程序号来表示，即#i（i = 1、2、3…），如#1、#101。

2）变量的引入。将跟随在一个地址后的数值用一个变量来代替，即为引入了变量。例如，对于 F［#1］，若#1 = 100，则为 F100；对于 Z［#1］，若#1 = −5，则为 Z−5。

3）变量的类型。华中数控系统的变量分为公共变量和系统变量两类。

① 公共变量。公共变量又分为全局变量和局部变量。全局变量是在主程序和主程序调用的各用户宏程序内都有效的变量。也就是说，一个宏指令中的#i与另一个宏指令中的#i是相同的。局部变量仅在主程序和当前用户宏程序中有效。也就是说，一个宏指令中的#i与另一个宏指令中的#i不一定相同。华中数控系统中公共变量的含义如下：

#0 ~ #49——当前局部变量；

#50 ~ #199——全局变量（#100 ~ #199全局变量可以在子程序中定义半径补偿量）；

#200 ~ #249——0层局部变量；

#250 ~ #299——1层局部变量；

#300 ~ #349——2层局部变量；

#350 ~ #399——3层局部变量；

#400 ~ #449——4层局部变量；

#450 ~ #499——5层局部变量；

#500 ~ #549——6层局部变量；

#550 ~ #599——7层局部变量。

华中数控系统可以调用嵌套子程序，最多可以调用九层。每一层子程序都有自己的独立局部变量，变量个数为50。

② 系统变量。系统变量是指有固定用途的变量，其值决定系统的状态。系统变量包括刀具的偏置变量、接口的输入/输出信号变量、位置信号变量等。注意：用户编程时，仅限使用#0 ~ #599的变量，#599以后的变量不得使用。

（2）常量 华中数控系统中的常量主要有PI（圆周率π）、TRUE（条件成立，真）和FALSE（条件不成立，假）。

2. 运算符与表达式

（1）算术运算符 +、-、*、÷。

（2）条件运算符 EQ（=）、NE（≠）、GT（>）、GE（≥）、LT（<）、LE（≤）。

（3）逻辑运算符 AND（与）、OR（或）、NOT（非）。

（4）函数 SIN（正弦）、COS（余弦）、TAN（正切）、ATAN（反正切）、ABS（绝对值）、INT（取整）、SING（取符号）、SQRT（开方）、EXP（指数）。

3. 赋值语句

把常数或表达式的值赋给一个宏变量的过程称为赋值。其格式为：宏变量 = 常数或表达式。例如：

#2 = 175/SQRT［2］ * COS［55 * PI/180］

#3 = 100

4. 循环语句

格式：WHILE 条件表达式

…

ENDW

循环语句的使用参见宏程序编程举例。

5. 固定循环指令的实现方法及子程序调用的参数传递规则

华中数控系统的固定循环指令采用宏程序的方法实现，这些宏程序调用具有模态功能。

　　G 代码在调用宏程序（子程序或固定循环）时，系统会将当前程序段中各字段（A~Z 共 26 个字段，未定义则为零）的内容复制到宏程序执行时的局部变量#0~#25 中，同时复制调用宏程序时当前通道九个轴的绝对位置（机床绝对坐标）到宏程序执行时的局部变量#30~#38 中。

　　调用一般子程序时，不保存系统模态值，即子程序可修改系统模态并保持有效；调用固定循环时，保存系统模态值，即固定循环不修改系统模态。

　　宏程序中，当前局部变量#0~#38 对应的宏调用时所传递的字段名或系统变量见表 6-1。

表 6-1　　#0~#38 对应的字段名或系统变量

当前局部变量	宏调用时所传递的字段名或系统变量	当前局部变量	宏调用时所传递的字段名或系统变量
#0	A	#20	U
#1	B	#21	V
#2	C	#22	W
#3	D	#23	X
#4	E	#24	Y
#5	F	#25	Z
#6	G	#26	固定循环指令中初始平面模态值
#7	H	#27	不用
#8	I	#28	不用
#9	J	#29	不用
#10	K	#30	调用子程序时轴 0 的绝对坐标
#11	L	#31	调用子程序时轴 1 的绝对坐标
#12	M	#32	调用子程序时轴 2 的绝对坐标
#13	N	#33	调用子程序时轴 3 的绝对坐标
#14	O	#34	调用子程序时轴 4 的绝对坐标
#15	P	#35	调用子程序时轴 5 的绝对坐标
#16	Q	#36	调用子程序时轴 6 的绝对坐标
#17	R	#37	调用子程序时轴 7 的绝对坐标
#18	S	#38	调用子程序时轴 8 的绝对坐标
#19	T		

　　对于每个局部变量，都可用系统宏程序 AR［　］来判别该变量是否被定义，以及是被定义为增量方式还是绝对方式，其调用格式如下：

　　AR［#变量号］

　　返回：0 表示该变量没有被定义，90 表示该变量被定义为绝对方式 G90，91 表示该变量被定义为相对方式 G91。

　　在子程序中，可依据上层的层数来确定上层的局部变量，例如：

　　%0099

```
G92 X0 Y0 Z0
N100 #10 = 98
M98 P100
M30
% 100
N200 #10 = 100                      此时 N100 所在段的局部变量#10 为第一层#210
M98 P110
M99
% 110
N300 #10 = 200                      此时 N200 所在段的局部变量为第二层#260
                                    N100 所在段的局部交量#10 为第一层#210
M99
```

6. 变量设置方法

在加工四方锥台时，下刀点即开始点选择在工件的右上角，由下至上逐层爬升，以顺铣方式（顺时针方向）单向走刀。例如：

#1 = ___——加工四方锥台的初始高度；

#2 = ___——加工 X 向外形尺寸（底部最大端）；

#3 = ___——加工 Y 向外形尺寸（底部最大端）。

四、操作实践

1. 确定加工工艺

（1）加工方式　立式数控铣削。

（2）加工设备　SV-08M 小型数控铣床。

（3）毛坯　亚克力板，规格为 42mm×42mm×15mm。

（4）加工刀具　φ6mm 立铣刀。

（5）工艺路线　工艺路线如图 6-2 所示。

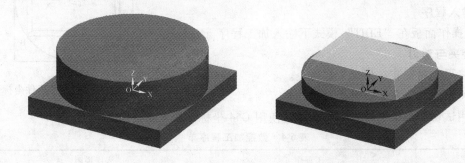

图 6-2　四方锥台加工工艺路线

（6）夹具选用　选用平口钳装夹零件。

2. 填写工序卡片

数控加工工艺卡片见表 6-2，数控加工刀具卡片见表 6-3。

表 6-2　数控加工工艺卡片

数控加工工艺卡片	工序号		工序内容	
	1		四方锥台加工	
	零件名称	材料	夹具名称	使用设备
	四方锥台	亚克力	平口钳	SV-08M 小型数控铣床
工步号	工步内容	加工面	刀具号	刀具规格/mm	主轴转速/（r/min）	进给量/（mm/min）	背吃刀量/mm	备注
---	---	---	---	---	---	---	---	---
1	铣削四边至尺寸	四侧面	T01	φ6 立铣刀	1000	50	5	
2	铣削圆柱	四侧面	T01	φ6 立铣刀	1000	50	5	
3	铣削四方锥台	四侧面	T01	φ6 立铣刀	1000	50	0.5	

表 6-3　数控加工刀具卡片

零件图号		数控加工刀具卡片		使用设备		
刀具名称				SV-08M 小型数控铣床		
刀具编号		换刀方式	手动	程序编号		
刀具组成	序号	编　号	刀具名称	规格/mm	数量	备注
	1	T01	立铣刀	φ6	1	

3. 编制加工程序

（1）确定工件坐标系　选择零件对称轴的交点作为工件坐标系 X、Y 轴原点，工件上表面为 Z 轴原点，建立工件坐标系，如图 6-3 所示。

（2）确定基点坐标　根据图 6-3，经计算得到各基点坐标为：A（16，12）、B（16，−12）、C（−16，−12）、D（−16，12）。

（3）填写数控加工程序单（表 6-4）。

4. 输入程序

通过操作面板在"EDIT"模式下输入加工程序。

5. 装夹与对刀

1）将平口钳安装在机床工作台上。

2）将工件夹持在平口钳上。

3）用试切法确定工件坐标系原点，使用 G54 坐标系。

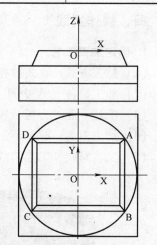

图 6-3　加工四方锥台工件坐标系

表 6-4　数控加工程序单

程序号	加工程序	程序说明
	％0002	程序名
N10	G90 G40 G21 G94 G17	程序初始化
N20	G91 G28 Z0	Z 轴回参考点
N30	G90 G54 M03 S1000	调用坐标系

（续）

程序号	加工程序	程序说明
	%0002	程序名
N40	G00 X0 Y0	
N50	Z20	快速点定位
N60	X22 Y22	
N70	M98 P0003 L2	调用子程序加工圆柱体
N80	G90 G00 Z20	快速点定位
N90	G00 X - 20 Y20	
N100	G01 Z - 5 F50	进刀5mm
N110	G41 G01 X - 22 Y16 D01	
N120	G01 X16	
N130	G01 Y - 16	
N140	G01 X - 16	
N150	G01 Y12	去除四方锥台多余材料
N160	G01 X16	
N170	G01 Y - 12	
N180	G01 X - 22	
N190	G40 G01 X - 22 Y0	取消刀具补偿
N200	G00 Z20	Z向抬刀至20mm
N210	M05	程序暂停
N220	M00	
N230	M03 S1000	主轴转速为1000r/min
N240	G00 X20 Y20	快速定位
N250	#1 = - 5	
N260	#2 = 16	
N270	#3 = 12	
N280	WHILE #1 LE 0	
N290	G01 Z［#1］F50	
N300	G41 G01 X［#2］Y［#3］D01	
N310	G01 Y［ - #3］	
N320	G01 X［ - #2］	加工四方锥台
N330	G01 Y［#3］	
N340	G01 X［#2］	
N350	#1 = #1 + 0.5	
N360	#2 = 16 - 0.2	
N370	#3 = 12 - 0.2	
N380	ENDW	

（续）

程序号	加工程序		程序说明
	%0002		程序名
N390	G40 G00 X20 Y20		取消刀具补偿
N400	G00 Z20		Z 向抬刀至 20mm
N410	M05		主程序结束
N420	M30		
N430	%0003		
N440	G91 G01 Z − 5 F50		加工圆柱体
N450	G41 G01 X20 Y20 D01		
N460	G01 Y0		
N470	G02 X20 Y0 I − 20 J0		
N480	G40 G01 X22 Y22		
N490	M99		子程序结束

6. 加工和检测

程序校验及加工轨迹仿真无误后，即可进行自动加工，然后检测所加工零件是否符合图样要求。

7. 任务评价

四方锥台加工任务评价见表 6-5。

表 6-5　四方锥台加工任务评价表

工件编号			总得分				
项目与权重	序号		要求	配分	评分标准	检测记录	得分
工件加工 （20%）	1		φ40mm 外圆	10	不正确全扣		
	2		四方锥台尺寸	20	不正确全扣		
程序与加工工艺 （30%）	3		程序格式规范	10	每错一处扣 1 分		
	4		程序正确完整	10	每错一处扣 1 分		
	5		工艺合理	5	每错一处扣 1 分		
	6		参数设置合理	5	每错一处扣 1 分		
机床操作 （30%）	7		对刀及坐标系设定合理	10	每错一处扣 2 分		
	8		机床面板操作正确	10	每错一处扣 2 分		
	9		手摇操作正确	5	每错一处扣 2 分		
	10		意外情况处理合理	5	每错一处扣 2 分		
文明生产 （20%）	11		安全操作	5	出错全扣		
	12		机床整理	5	不合格全扣		

五、知识拓展

1. 半球体参数的设置

用 φ6mm 立铣刀加工半球体参数的设置如图 6-4 所示。

图中各参数的值如下：

#1——角度变量，其初始值为 0°，变化范围为 0°~90°，此处#1 = 0；

#2——X 方向随角度变化的坐标变量，#2 = 10 * COS [#1 * PI/180]；

#3——Z 方向随角度变化的刀具底部距离半球底部的变量，#3 = 10 * SIN [#1 * PI/180]；

#4——刀具中心 X 坐标变量，#4 = #2 + #3；

#5——Z 轴高度变量，#5 = 10 - #3。

2. 半椭圆球体参数的设置（图6-5）

设置任意 XY 截面内椭圆的变量为：#1 为角度变量（初始值为 0°，范围为 0°~360°），#2 为 X 坐标变量，#3 为 Y 坐标变量。

设置任意 XZ 截面内椭圆的变量为：#11 为角度变量，#12 为刀具边缘到椭圆圆心的 X 方向变量，#13 为刀具底部到椭圆圆心的高度变量，#14 为 Z 方向高度变量，#15 为刀具中心到椭圆圆心的 X 坐标变量。图 6-5 中各参数的值为：

#1 = 0；

#2 = #15 * COS [#1 * PI/180]；

#3 = #15 * SIN [#1 * PI/180] * 2/3；

#11 = 0；

#12 = 15 * COS [#11 * PI/180]；

#13 = 10 * SIN [#11 * PI/180]；

#14 = 10 - #13；

#15 = #12 + 3。

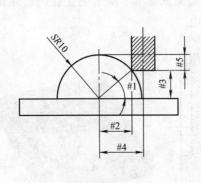

图 6-4 半球体参数的设置

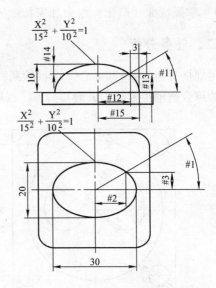

图 6-5 半椭圆球体参数的设置

六、综合练习

用规格为 40mm × 40mm × 15mm 的亚克力板毛坯，加工如图 6-6 所示的零件，试编制其加工程序并进行加工。

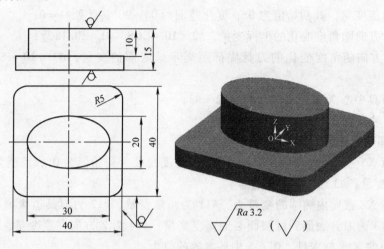

图 6-6　宏指令编程练习零件图

任务二　综 合 铣 削

一、学习目标

1）掌握综合铣削类零件的特点及加工工艺。

2）能正确使用各个编程指令。

3）掌握特殊（简化）指令和宏指令的用法。

二、任务分析

用规格为 80mm×80mm×15mm 的亚克力毛坯，加工如图 6-7 所示的含有内、外轮廓和孔系的综合铣削类零件，试编写其加工程序并进行加工。

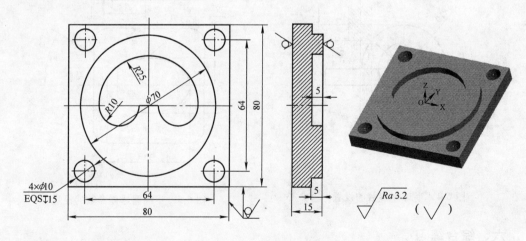

图 6-7　综合铣削类零件

三、操作实践

1. 确定加工工艺

（1）加工方式　立式数控铣削。

（2）加工设备　SV-8M 小型数控铣床。

（3）毛坯材料　规格为 80mm×80mm×15mm 的亚克力板。

（4）加工刀具　加工刀具包括 φ10mm 硬质合金立铣刀（T01）和 φ10mm 钻头（T2）。

（5）工艺路线　粗铣后留 1mm 的余量，精铣时切除。同一把刀可以有多个刀具半径补偿，用不同的刀具半径补偿可以去除较多的加工余量，同时实现工件的多次粗加工。工艺路线如图 6-8 所示。

图 6-8　综合铣削工艺路线

（6）夹具选用　采用平口钳装夹零件。

2. 填写工序卡片

数控加工工艺卡片见表 6-6，数控加工刀具卡片见表 6-7。

表 6-6　数控加工工艺卡片

数控加工工艺卡片		工序号		工序内容			
		1		综合铣削			
		零件名称	材料	夹具名称		使用设备	
		综合铣削类零件	亚克力	平口钳		SV-08M 小型数控铣床	
工步号	工步内容	加工面	刀具号	刀具规格/mm	主轴转速/（r/min）	进给量/（mm/min）	背吃刀量/mm	备注
1	铣削圆柱	侧面	T01	φ10 立铣刀	1000	50	5	
2	铣削内腔	侧面	T01	φ10 立铣刀	1000	50	5	
3	钻孔	上表面	T02	φ10 钻头	600	100	—	

表 6-7　数控加工刀具卡片

零件图号			数控加工刀具卡片			使用设备	
刀具名称						SV-08M 小型数控铣床	
刀具编号		换刀方式	手动	程序编号			
刀具组成	序号	编　号		刀具名称	规格/mm	数量	备注
	1	T01		立铣刀	φ10	1	
	2	T02		钻头	φ10	1	

3. 编制加工程序

（1）确定工件坐标系　选择零件对称轴的交点作为工件坐标系 X、Y 轴原点，工件上表面为 Z 轴原点，建立工件坐标系，如图 6-9 所示。

（2）确定基点坐标　根据图 6-9，经计算得各基点的坐标为：A（35，0）、B（5，0）、C（25，0）、D（-25，0）、E（-5，0）、F（32，32）、G（-32，32）、H（-32，-32）、I（32，-32）。

（3）填写数控加工程序单（表 6-8）。

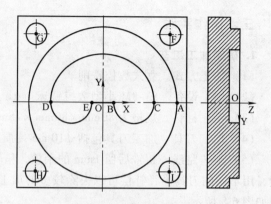

图 6-9　综合铣削工件坐标系

表 6-8　数控加工程序单

程序号	加工程序	程序说明
	%0003	程序名
N10	G90 G40 G21 G94 G17	程序初始化
N20	G91 G28 Z0	Z 轴回参考点
N30	G90 G54 M03 S1000	调用坐标系
N40	G00 X0 Y0	快速点定位
N50	Z20	
N60	X70 Y0	
N70	G01 Z-5 F50	背吃刀量为 5mm
N80	G42 G01 X35 D01	刀具半径右补偿
N90	G03 I-35 J0	铣削 φ70mm 外圆
N100	G01 X70	铣削外圆结束
N110	G40	
N120	G00 Z5	进刀点 X0 Y10，准备铣削内腔
N130	G00 X0 Y10	
N140	G01 Z-5 F50	背吃刀量为 5mm
N150	G41 G01 Y0 D01	刀具半径左补偿
N160	G01 X5	铣削内腔
N170	G03 X25 R10	
N180	G03 X-25 R25	
N190	G03 X-5 R10	
N200	G01 X5	铣削内腔结束，取消刀具补偿
N210	G40 G01 X0 Y10	
N220	G91 G28 Z0	回参考点
N230	M05	程序暂停
N240	M00	

（续）

程序号	加工程序		程序说明
	%0003		程序名
N250	M03 S600		主轴开，转速为 600r/min
N260	G00 Z20		到达安全高度
N270	G83 X32 Y32 Z－18 Q5 R5 F100		固定钻孔循环
N280	X－32		
N290	Y－32		
N300	X32		
N310	G80		钻孔结束
N320	G00 Z20		返回安全区域
N330	M05		程序结束
N340	M30		

4. 输入程序

通过操作面板在"EDIT"模式下输入加工程序。

5. 装夹与对刀

1）将平口钳安装在机床工作台上，找正其固定钳口，使固定钳口与工作台的 X 轴平行。

2）将工件夹持在机用虎钳上。

3）采用标准棒和量块对刀，得到 X、Y、Z 值，并输入 G54 中。

6. 加工与检测

程序校验及加工轨迹仿真无误后进行自动加工。程序执行完毕后，返回设定高度，机床自动停止。用游标卡尺测量零件尺寸，根据测量结果调整刀补，重新执行程序加工工件，直到达到要求为止。

7. 任务评价

综合铣削任务评价见表6-9。

表 6-9 综合铣削任务评价表

工件编号			总得分			
项目与权重	序号	要求	配分	评分标准	检测记录	得分
工件加工（20%）	1	φ70mm 外圆	5	不正确全扣		
	2	内腔尺寸	10	不正确全扣		
	3	孔尺寸	5	每错一处扣 1 分		
程序与加工工艺（30%）	4	程序格式规范	10	每错一处扣 1 分		
	5	程序正确完整	10	每错一处扣 1 分		
	6	工艺合理	5	每错一处扣 1 分		
	7	程序参数合理	5	每错一处扣 1 分		

（续）

工件编号				总得分			
项目与权重	序号	要求	配分	评分标准	检测记录	得分
机床操作 （30%）	8	对刀及坐标系设定合理	10	每错一处扣2分		
	9	机床面板操作正确	10	每错一处扣2分		
	10	手摇操作正确	5	每错一处扣2分		
	11	意外情况处理合理	5	每错一处扣2分		
文明生产 （20%）	12	安全操作	10	出错全扣		
	13	机床整理	10	不合格全扣		

四、知识拓展

在选择了数控加工工艺内容和确定了零件加工路线后，即可进行数控加工工序的设计。数控加工工序设计的主要任务是进一步把各工序的加工内容、切削用量、工艺装备、装夹方式及刀具运动轨迹确定下来，为编制加工程序作好准备。

1. 确定走刀路线和安排加工顺序

走刀路线就是刀具在整个加工工序中的运动轨迹，它不但包括了工步的内容，也反映了工步顺序。走刀路线是编制程序的依据之一。确定走刀路线时应注意以下几点：

1）寻求最短加工路线。

2）最终轮廓应一次走刀完成。

3）正确选择切入、切出方向。

4）选择使工件在加工后变形小的路线。

2. 确定装夹方案

1）尽可能做到设计基准、工艺基准与编程计算基准相统一。

2）尽量将工序集中，减少装夹次数，尽可能在一次装夹中加工出全部待加工表面。

3）避免采用人工调整时间长的装夹方案。

4）夹紧力的作用点应位于工件刚性较好的部位。

3. 确定刀具与工件的相对位置

对于数控机床来说，在加工开始时，确定刀具与工件的相对位置是很重要的，这一相对位置的确定是通过确定对刀点来实现的。对刀点是指通过对刀确定刀具与工件相对位置的基准点。对刀点可以设置在被加工零件上，也可以设置在夹具上与零件定位基准有一定尺寸联系的某一位置，对刀点往往选择在零件的加工原点。对刀点的选择原则如下：

1）所选的对刀点应使程序编制简单。

2）对刀点应选择在容易找正、便于确定零件加工原点的位置。

3）对刀点应选在加工时检测方便、可靠的位置。

4）对刀点的选择应有利于提高加工精度。

4. 确定切削用量

对于高效率的金属切削机床来说，被加工材料、切削刀具、切削用量是切削加工的三大要素。这些条件决定着加工时间、刀具寿命和加工质量。经济、有效的加工方式，要求必须合理地选择切削条件。

　　编程人员在确定每道工序的切削用量时，应根据刀具的寿命和机床说明书中的规定来选择；也可以结合实际经验，用类比法确定切削用量。选择切削用量时，要充分保证刀具能加工完一个零件，或保证刀具使用寿命不低于一个工作班，最少不低于半个工作班的工作时间。

　　背吃刀量主要受机床刚度的限制，在机床刚度允许的情况下，应尽可能使背吃刀量等于工序的加工余量，这样可以减少走刀次数，提高加工效率。对于表面质量和精度要求较高的零件，要留有足够的精加工余量，数控加工的精加工余量可比普通机床的加工余量小一些。

五、综合练习

　　用规格为 80mm × 80mm × 15mm 的亚克力板，加工如图 6-10 所示的零件，试编制其加工程序并进行加工。

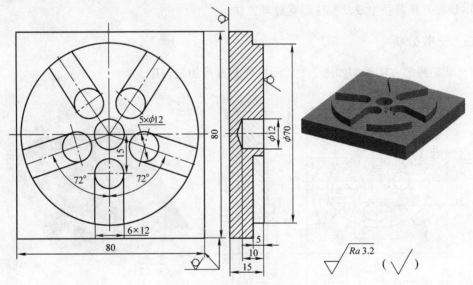

图 6-10　综合铣削练习零件图

单元七　自动编程与仿真加工

任务一　CAXA 自动编程

一、学习目标

1）掌握自动编程的方法。
2）能够合理选择刀具及确定切削用量。
3）能够正确设置加工参数。
4）掌握刀具路径生成及程序后置处理方法。

二、任务分析

用自动编程的方法编制如图 7-1 所示零件的数控加工程序。

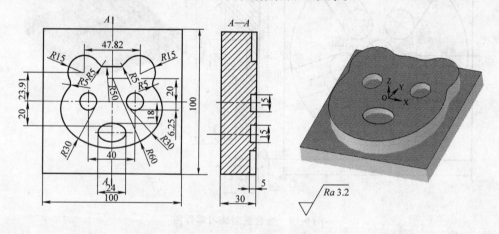

图 7-1　自动编程零件图

　　用 CAXA 自动编程软件编制二维轮廓类零件的数控加工程序，将该程序通过计算机传输方法输入数控系统，然后加工该零件。

三、相关理论

1. 自动编程概述

（1）自动编程的定义与特点　自动编程又称计算机辅助编程，它是利用计算机（含外围设备）和相应的前置、后置处理程序对零件源程序或几何造型进行处理，以得到加工程序和数控工艺文件的一种编程方法。

　　自动编程时，编程人员只需根据图样的要求，使用数控语言编制出工件加工源程序并输入计算机，由主计算机自动地进行数值计算、后置处理，编制出工件加工程序单，直至自动生成加工代码。

（2）自动编程的种类　自动编程根据编程信息的输入与计算机对信息处理方式的不同，可分为以自动语言为基础的语言式自动编程和以计算机绘图为基础的图形交互式自动编程。

1）语言式自动编程。进行语言式自动编程时，编程人员依据所用数控语言的编程手册及工件图样，以语言的形式表达出全部加工内容，然后把这些内容输入计算机中进行处理，制作出可以直接用于数控机床的数控加工程序。以 APT（Automatically Programmed Tools）语言式自动编程系统为例，其处理过程可分成编写零件源程序、计算机编译处理和生成加工代码三部分。

2）图形交互式自动编程。图形交互式自动编程建立在 CAD/CAM 的基础上。通常先利用 CAD/CAM 软件将工件的几何图形绘制到计算机上，形成图形文件，然后调用数控编程模块，采用人机交互方式输入相应的加工工艺参数后，计算机即可自动生成加工程序。与语言式自动编程相比，图形交互式自动编程系统是一种直观性好、使用简便、速度快、精度高的自动编程方式，它很好地解决了语言式自动编程过程中直观性差、编程过程复杂、不便于程序的阶段性检查等缺点。

随着计算机图形处理能力的不断提高，各类 CAD/CAM 软件的不断优化和升级，图形交互式自动编程已成为自动编程的主流方式。

（3）图形交互式自动编程的操作步骤　图形交互式自动编程可分为零件图及加工工艺分析、几何造型、生成刀具路径轨迹、路径检验、后置处理、程序校验和程序传输等步骤。

1）零件图及加工工艺分析。零件图及加工工艺分析是数控编程的基础。这项工作的主要任务有核准工件的几何尺寸、公差及精度要求；确定工件相对于机床坐标系的装夹位置，以及被加工部位所处的坐标平面；选择刀具并准确测定刀具的有关尺寸；确定工件坐标系、编程零点，找正基准面及对刀点；确定加工路线；选择合理的工艺参数。

2）几何造型。几何造型就是利用 CAD/CAM 软件中的二维、三维绘图功能，将工件所需加工部位的几何图形准确地绘制出来，并在计算机上形成相应的工件图形数控文件。

3）生成刀具路径轨迹。图形交互式自动编程的基本过程为：首先进入生成刀位轨迹功能模块，然后根据实际加工需要用光标选择相应的图形目标，接着输入加工所需的各种参数。此时，软件将自动从图形文件中提取所需的信息进行分析和判断，计算出节点数据，并将其转换成刀位数据，存入指定的刀位文件夹中或直接进行后置处理生成数控加工程序，同时在屏幕上显示出刀位轨迹图形。

4）后置处理。后置处理的目的是形成数控指令文件。由于各种机床所用的系统不同，所以，所用数控指令文件的代码及格式也有所不同。为了解决这一问题，软件通常设置一个后置处理文件。在进行后置处理前，编程人员需对该文件进行编辑，按文件规定的格式定义数控指令文件需要使用的代码、程序格式、圆整计算方式等内容。软件在执行后置处理命令时，将自动按设计文件定义的内容输出所需的数控指令文件。

5）程序校验。图形交互式自动编程生成的程序可调用 CAD/CAM 所提供的加工仿真模块进行程序校验，编程人员可根据具体要求选择相应的或全部的刀位轨迹进行检查，编程人员可观察到实体加工仿真，从而确定刀具的实际加工情况。

6）程序传输。因为自动编程系统在计算机上运行，所以其适应计算机所具有的一切输出手段。由于计算机和数控系统都具有的通信接口，因此，只要自动编程系统具有通信模块，就可完成计算机与数控系统的直接通信，把数控程序直接输送给数控系统，控制数控机床进行加工。对于有标准通信接口的机床，可用通信线与计算机直接相连，实现计算机与机床控制系统间程序的相互传输。

2. 我国常用的 CAD/CAM 软件

自动编程软件的种类很多，而且地区不同，使用的 CAD/CAM 软件也不尽相同。我国当前常用的 CAD/CAM 软件见表 7-1。

表 7-1　我国当前常用的 CAD/CAM 软件

软件名称	研制公司	软件介绍	常用版本
UG（Unigraphics）	源于美国麦道飞机制造公司，由 EDS 公司开发	该软件是集成化的 CAD/CAE/CAM 系统，是当前国际和国内最为流行的工业设计平台。其主要模块有数控造型、数控加工、产品装配等通用模块和计算机辅助工业设计、钣金设计加工、模具设计加工、管路设计布局等专用模块	UG18 UG NX3 UG NX4 UG NX5 UG NX6 UG NX8
Creo	美国 PTC 公司开发	该软件整合了 PTC 公司三个软件 Pro/ENGINEER 的参数化技术、Co Create 的直接建模技术和 Prodnct View 的三维可视化技术，具备互操作性、开放、易用三大特点	Creo1 Creo2
CATIA	法国达索飞机制造公司开发	该软件是最早用于航空业的大型 CAD/CAE/CAM 软件，目前 60% 以上的航空业和汽车工业都使用该软件。该软件是最早实现曲面造型的软件，它开创了三维设计的新时代。目前，CATIA 系统已发展成为具备从产品设计、产品分析、数控加工、装配和检验到过程管理、虚拟动作等众多功能的大型软件	CATIAV5R19
Solidworks	美国 Solidworks 公司开发	该软件具有极强的图形格式转换功能，几乎所有的 CAD/CAE/CAM 软件都可以与 Solidworks 软件进行数据转换，美中不足的是其数控加工功能不够强大。该软件的功能有产品设计、产品造型、产品装配、钣金设计、焊接及工程图等	Solidworks 2005 Solidworks 2006 Solidworks 2010 Solidworks 2013
Mastercam	美国 CNC Software 公司开发	该软件是基于 PC 平台，集二维绘图、三维曲面设计、体素拼合、数控编程、刀具路径模拟及真实感模拟功能于一身的 CAD/CAM 软件，该软件对于复杂曲面的生成与加工具有独特的优势，但其对零件和模具的设计功能不强	Mastercam 8.1 Mastercam 9.1 Mastercam X6

（续）

软件名称	研制公司	软件介绍	常用版本
CIMATRON	以色列 Cimatron 公司	该软件是一套集成 CAD/CAE/CAM 的专业软件，它具有模具设计、三维造型、生成工程图、数控加工等功能。该软件在我国得到了广泛的使用，特别是在数控加工方面更是占有很大的比重	Cimatron E9.0
CAXA 制造工程师	中国北航海尔软件有限公司开发	该软件是我国自行研制开发的全中文、面向数控铣床与加工中心的三维 CAD/CAM 软件，它既具有线框造型、曲面造型和实体造型的设计功能，又具有生成二至五轴的加工代码的数控加工功能，可用于加工具有复杂三维曲面的零件	CAXA 制造工程师 XP

3. CAXA 自动编程软件简介

CAXA 制造工程师 2008 是在 Windows 环境下运行的 CAD/CAM 一体化数控加工编程软件。该软件集成了数据接口、几何造型、加工轨迹生成、加工过程仿真检验、数控加工代码生成、加工工艺生成等一套面向复杂零件和模具的数控编程功能。其软件安装界面如图 7-2 所示。

CAXA 制造工程师软件提供了线架造型、曲面造型和实体造型三大基本造型方法，还有自动编程、NC 代码自动校验和模拟加工等仿真功能。其自动生成的 NC 代码可用数据传输软件通过计算机与数控机床间的 RS232C 接口，传送给数控机床的控制系统。如果控制系统支持 DNC 功能，则数据传输软件还能直接控制数控机床的加工过程，从而解决了大 NC 代码常因存储空间不足而必须分段的问题，使加工和控制变

图 7-2 安装界面

得更容易。这为使用者省去了针对不同控制系统和不同零件编制复杂数控加工程序的环节，消除了检查数控加工程序对错的烦恼，减少了在加工过程中才发现问题而造成浪费的现象。

4. CAXA 软件自动编程与加工步骤

现以图 7-1 所示零件为例，介绍 CAXA 软件自动编程和仿真加工功能。

（1）启动 CAXA 制造工程师 2008 启动 CAXA 制造工程师 2008 之后，进入主窗口，将显示如图 7-3 所示的用户操作界面，主要由标题栏、菜单栏、标准工具栏、特征树栏、特征生成栏、快捷菜单、绘图区及状态栏等组成。

（2）绘制熊猫脸图形 按 [零件特征] 按钮，弹出"零件特征"窗口，选择 [平面XY]，按 <F5> 键进入 XOY 平面绘图界面。在这个平面上绘制出如图 7-4 所示的熊猫脸图形。

（3）创建拉伸特征 选择 [平面XY]，进入草图模式，单击 [l] 图标，进入 XOY 平面草图绘图界面，然后单击右侧的 [图] 图标，选择 100mm×100mm 正方形的四条边。再次单击 [l] 键，

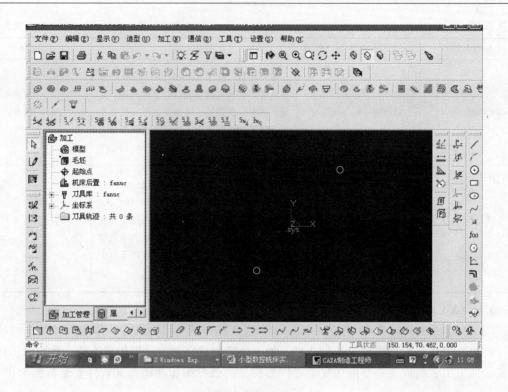

图 7-3　用户操作界面

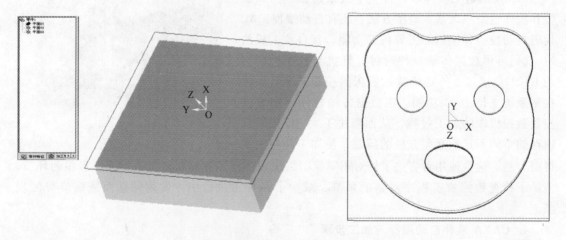

图 7-4　熊猫脸图形

关闭草图状态。单击 图标，进入到"拉伸增料"对话框，如图 7-5 所示。在"深度"下拉菜单中选择 25，并在拾取之前创建的正方形草图后单击"确定"键，得如图 7-6 所示的实体。选择实体上表面，单击 图标。

在"距离"下拉列表中选择 0（图 7-7），单击"确定"后，特征树中会出现 平面4图标。单击 平面4和 图标，进入到草图界面，然后单击 图标，选择熊猫脸的外轮廓（不选眼睛和嘴）。再次单击 图标，关闭草图状态。接着单击 图标，进入"拉伸增料"对话框，在"深度"下拉列表中选择 5，拾取刚才的草图后单击"确定"，得到如图 7-8a 所示

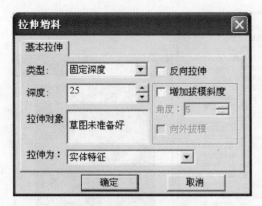

图 7-5　"拉伸增料"对话框

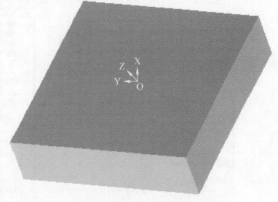

图 7-6　生成实体

的实体图。

　　选择实体上表面，单击■图标，在"构造基准面"对话框中的"距离"下拉列表中选择 0，单击"确定"后，左侧特征树中会出现 ◈平面5 图标，单击 ◈平面5 和 ◢ 图标，进入草图界面，然后单击右侧的 ■ 图标，选择熊猫的眼睛和嘴。再次单击 ◢ 图标，关闭草图状态；单击■图标，进入"拉伸除料"对话框（图 7-9），在"深度"下拉列表中选择 5，拾取刚才的草图后单击"确定"，得到如图 7-8b 所示的实体图。至此完成了零件的三维造型。

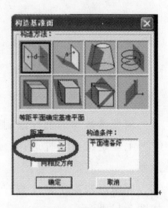

图 7-7　"构造基准面"界面

　　（4）进行数控加工

　　1）单击目录树下面的"加工管理"图标，出现"加工管理"对话框，如图 7-10a 所示。此处包括模型、毛坯、起始点、机床后置、刀具库、坐标系和刀具轨迹七个分支，依次设定其参数，如图 7-10b 所示。

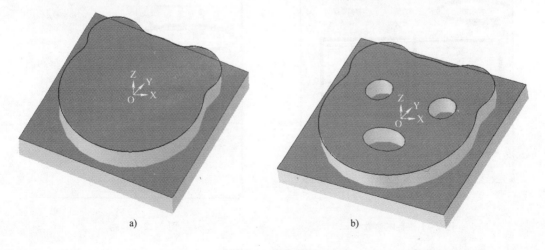

a)　　　　　　　　　　　　　　b)

图 7-8　拉伸结果

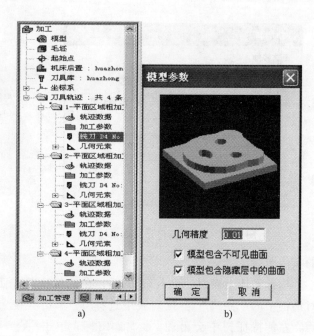

图 7-9 "拉伸除料"对话框　　　　　　　　图 7-10 "加工管理"对话框

① 模型参数参照前面绘制的熊猫脸图形选择。

② 毛坯定义有三种选择，这里选择两点方式，即选择正方体的两个对角点填入，如图 7-11 所示。

③ 起始点决定了整个程序的起点，选择时要慎重。考虑换刀高度等因素，这里选择 50，如图 7-12 所示。

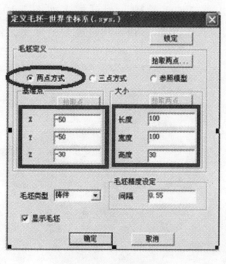

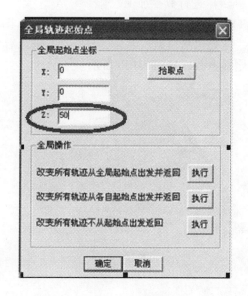

图 7-11 毛坯参数　　　　　　　　　　图 7-12 起始点

④ 在机床后置中选择要使用的机床，这里选华中，并在后置设置中按所选机床的编程

规定更改选项卡中的项目，然后按"确定"退出，如图 7-13 所示。

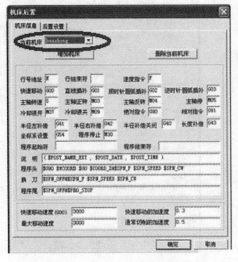

a)

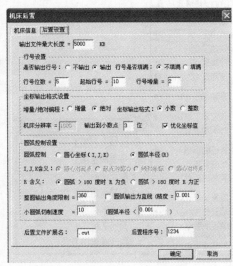

b)

图 7-13 机床后置

⑤ 在刀具库中确定加工所用刀具及其参数（图 7-14a），以备加工时选用。如果刀具库中没有想要的刀具，可以单击"增加刀具"按钮添加新刀具，如图 7-14b 所示。

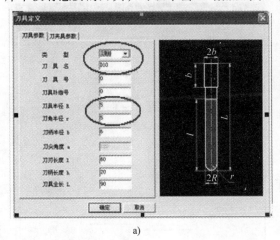

a)

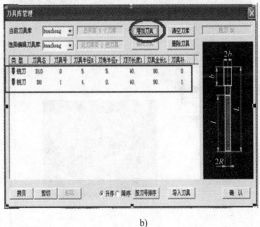

b)

图 7-14 刀具设置

⑥ 坐标系一般和建模时的坐标系统一，这里是默认的，不用指定。

至此，加工目录树的项目填写完毕。

2）选择加工方式。本例属于平面加工，按如下步骤进行：

① 如图 7-15 所示，单击"加工"→"粗加工"→"平面区域粗加工"按钮，出现"平面区域粗加工"对话框，这里包括"切削用量""公共参数""刀具参数""加工参数""清根参数""接近返回"和"下刀方式"七个选项卡。

② 加工参数选项卡的填写如图 7-16 所示。

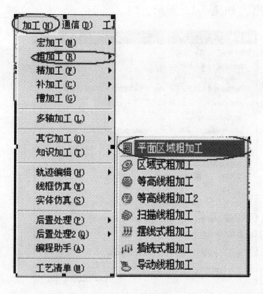

图 7-15 加工方式选择

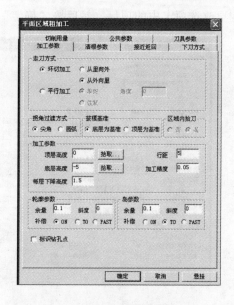

图 7-16 "加工参数"选项卡

③ 切削用量选项卡的填写如图 7-17 所示。

④ "公共参数"选项卡的填写如图 7-18 所示。

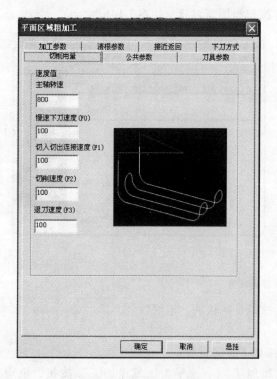

图 7-17 "切削用量"选项卡

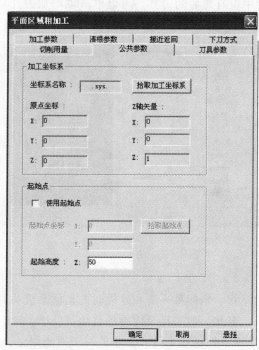

图 7-18 "公共参数"选项卡

⑤ "刀具参数"选项卡的填写如图 7-19 所示。

⑥ "清根参数"选项卡的填写如图 7-20 所示。

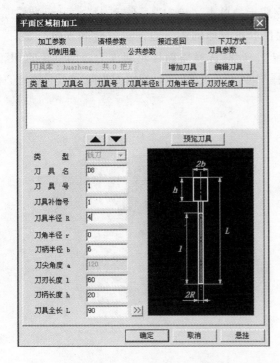

图 7-19　"刀具参数"选项卡

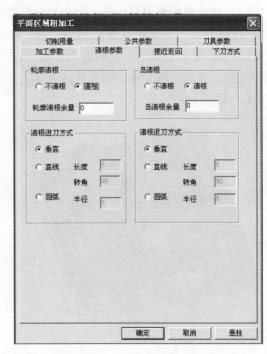

图 7-20　"清根参数"选项卡

⑦　"接近返回"选项卡的填写如图 7-21 所示。

⑧　"下刀方式"选项卡的填写如图 7-22 所示。

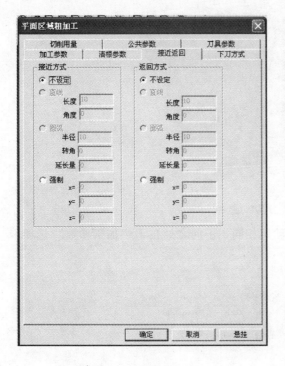

图 7-21　"接近返回"选项卡

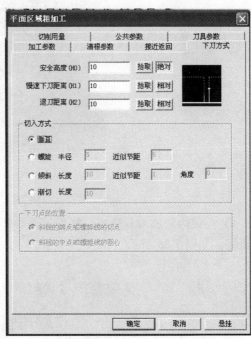

图 7-22　"下刀方式"选项卡

3）生成外轮廓刀具轨迹。所有参数设置完成后，单击"确定"，在状态栏中提示 合取轮廓 ，按〈空格〉键，选单个拾取 ✓单个拾取 ，依次拾取正方形的四条边，注意拾取方向，如图7-23 所示。拾取完毕后，在状态栏中提示 拾取岛屿 ，此时选择熊猫外轮廓作为岛屿（不选眼睛和嘴），注意拾取方向，如图7-24 所示。选择完毕后按"确定"，这时可以显示刀具轨迹，如图7-25 所示。

图 7-23　选择四条边　　　　　　　　　　　图 7-24　选择熊猫外轮廓

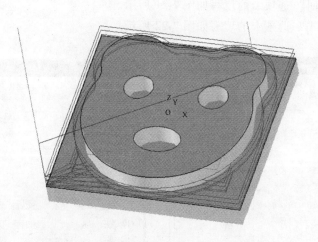

图 7-25　刀具轨迹

4）生成内轮廓刀具轨迹。操作步骤与外轮廓相同，不同之处在于"加工参数"选项卡的设置，如图7-26 所示。

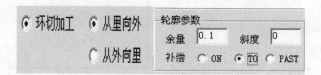

图 7-26　内轮廓"加工参数"选项卡

全部设置好后单击"确定"，状态栏中提示 合取轮廓 ，按 < 空格 > 键，选单个拾取 ✓单个拾取 ，拾取熊猫的一只眼睛，注意拾取方向，如图 7-27 所示。拾取完毕后，在状态栏中提示 拾取岛屿 ，没有岛屿则按"确定"，这时可以显示刀具轨迹，如图 7-28 所示。以同样的方法，生成熊猫的嘴和另一只眼睛的加工轨迹，最终刀具轨迹如图 7-29 所示。

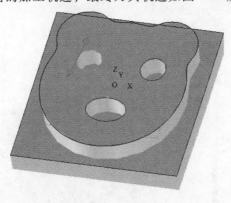

图 7-27　拾取眼睛

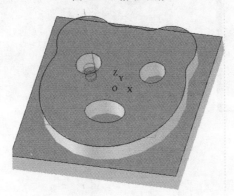

图 7-28　刀具轨迹

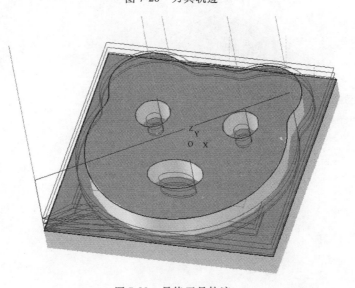

图 7-29　最终刀具轨迹

5）实体仿真。单击"加工"→"实体仿真"，出现 拾取刀具轨迹 提示，依次选择外轮廓和内轮廓轨迹，使之变为红色后按"确定"，如图 7-30 所示。此时出现仿真窗口，单击其中的 图标，出现"仿真加工"对话框（图 7-31），单击 图标开始仿真。仿真结果如图 7-32 所示。

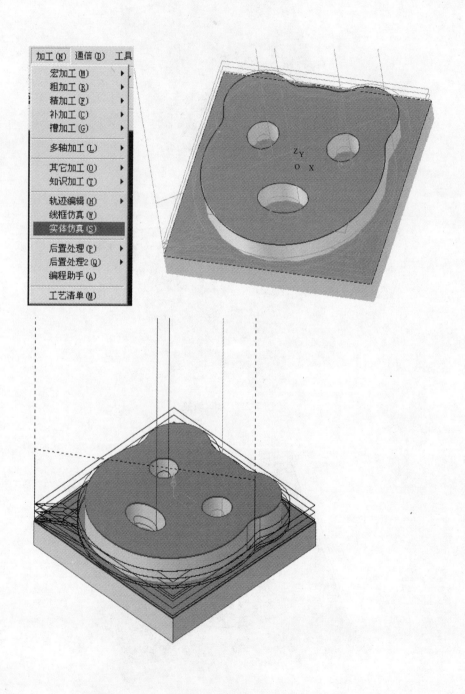

图 7-30　拾取刀具轨迹

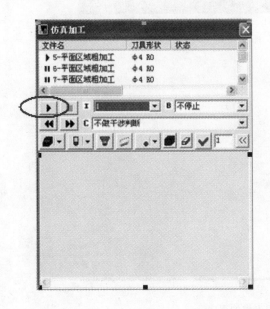

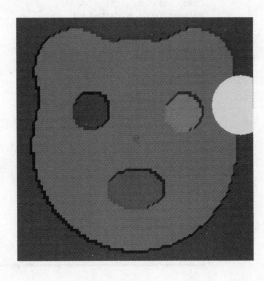

图 7-31 "仿真加工"对话框   图 7-32 仿真结果

6）生成加工程序。单击"加工"→"后置处理"→"生成 G 代码"，出现如图 7-33 所示界面，在此处填入程序名称并选择保存位置。这里选择我的文档，程序名为 001，单击"保存"键，状态栏提示拾取刀具轨迹，依次拾取加工轨迹后确定。

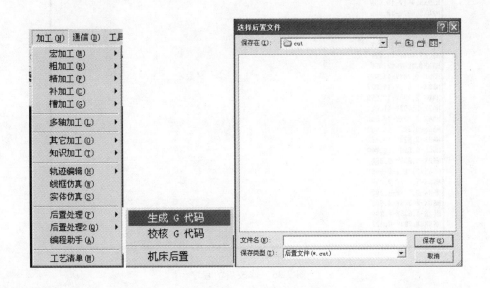

图 7-33 生成程序步骤

此时出现如图 7-34 所示窗口，这就是生成的程序，需要将第一行 (001.cut,2011.1.14,11:23:40.828) 删除，然后保存即可。结果如图 7-35 所示。

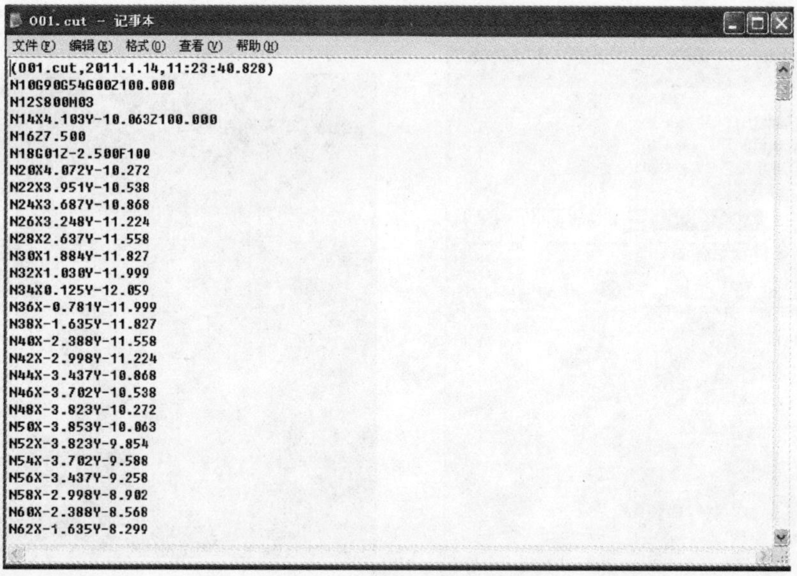

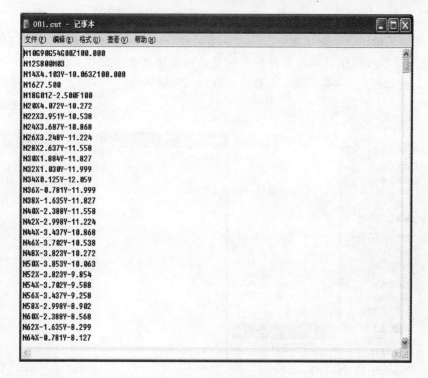

图 7-34　自动生成的程序

图 7-35　修改后的程序

四、操作实践

1. 数控传输线的连接

（1）接线　用串口线连接 HNC-21M 的 RS232 接口（图 7-36）或 HNC-18i/19i 的 RS232

接口（图 7-37）与上位计算机的 RS232 接口。

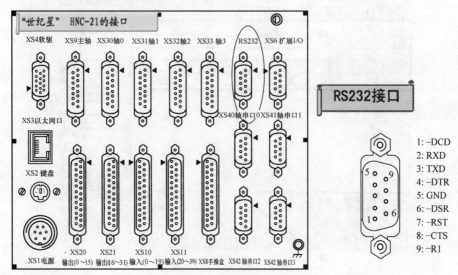

图 7-36　HNC-21M 的接口

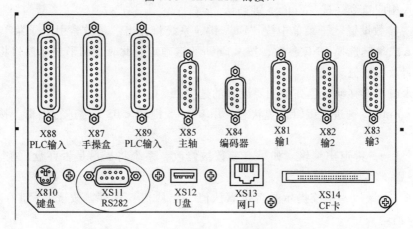

图 7-37　HNC-18i/19i 的接口

（2）通信参数设置　分别在数控机床侧和上位计算机上进行通信参数设置。

1）数控装置侧参数设置：

① 在数控系统"参数设置"子菜单（图 7-38）中按"F3"键，弹出如图 7-39 所示的菜单。

图 7-38　"参数设置"子菜单

② 用▲或▼键选择"用户权限"选项，按 <Enter> 键确认，系统将弹出"输入口令"对话框。

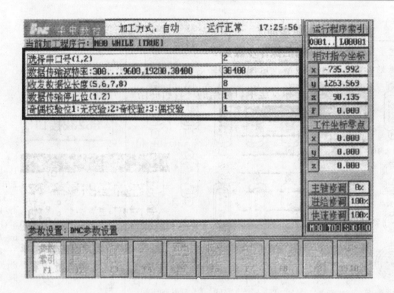

图 7-39　参数更改

③　输入相应口令，按 < Enter > 键确认。

④　在"参数设置"子菜单中按"F1"键，系统将弹出"参数索引"子菜单。

⑤　用▲或▼键选择 DNC 参数，按 < Enter > 键确定。此时，图形显示窗口将显示 DNC 参数的参数名及参数值。

⑥　用▲或▼键移动蓝色亮条到要设置的选项处。

⑦　按 < Enter > 键进入编辑设置状态，用 < Del > 键和 < BS > 键进行编辑，按 < Enter > 键确认。

⑧　按 < Esc > 键退出编辑。如果有参数被修改，系统将提示是否存盘，按 < Y > 键存盘，按 < N > 键不存盘。

⑨　按 < Y > 键后，系统提示是否按默认值（出厂值）保存，按 < Y > 键存为默认值，按 < N > 键取消。

⑩　系统回到上一级参数选择菜单后，若继续按 < Esc > 键，则退回"参数设置"子菜单。

2）上位计算机参数设置：

①　在上位计算机上执行 DNC 程序，弹出如图 7-40 所示的对话框。

②　按 < Alt + C > 键，弹出如图 7-41 所示的"设置串口参数"对话框。

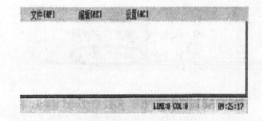

图 7-40　参数设置选择

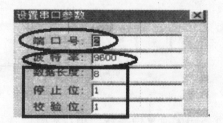

图 7-41　"设置串口参数"对话框

③　按 < Tab > 键分别进入每个选项，分别设置端口号（1、2）、波特率（300、600、1200、2400、4800、9600、19200…）、数据长度（5、6、7、8）、停止位（1、2）和校验位（1 为奇校验，2 为无校验，3 为偶校验）。

2. 程序传输

（1）读入串口程序到编辑缓冲区

1）在程序路径选择菜单（图 7-42）中用▲或▼键选中"串口程序"选项，系统命令行提示"正在和发送串口数据的计算机联络"。

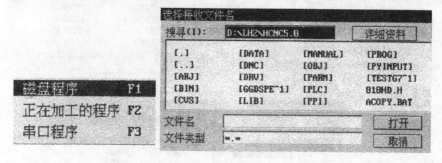

图 7-42　调用程序

2）按 < Enter > 键。

3）在上位计算机的主菜单中按 < Alt + F > 键，弹出如图 7-43a 所示的"文件"主菜单。

4）用▲或▼键选择"发送 DNC 程序"，弹出如图 7-43b 所示的对话框。

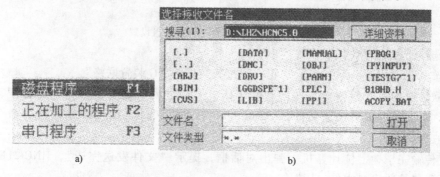

图 7-43　找到程序

5）选择要发送的 G 代码文件，此处为 O0003。

6）按 < Enter > 键，系统提示"正在和接收数据的 NC 装置联络"。

7）联络成功后开始传输文件，上位计算机上有进度条显示传输文件的进度，并提示"请稍等，正在通过串口发送文件"，要退出请按"Alt + E"。HNC-21M 系统的命令行提示"正在接收串口文件"。

8）传输完毕，上位计算机上弹出对话框，提示"文件发送完毕"，HNC-21M 系统的命令行提示"接收串口文件完毕"。

（2）读入串口程序到电子盘

1）在数控系统文件管理菜单（图 7-44a）中用▲或▼键选中"接收串口文件"选项。

2）按 < Enter > 键，弹出如图 7-44b 所示对话框。

3）输入接收路径和文件名。

4）按＜Enter＞键，命令行提示"正在和发送串口数据的计算机联络"。

5）在上位计算机的"文件"子菜单（图7-44c）中用▲或▼键选择"发送DNC程序"选项。

6）按＜Enter＞键，弹出如图7-44d所示的对话框。

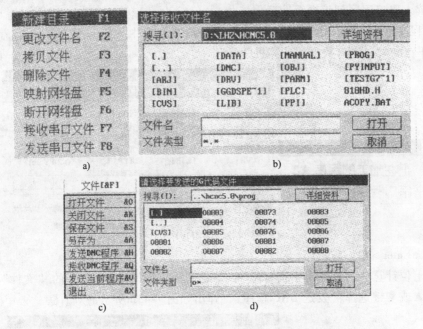

图7-44　读入串口程序到电子盘设置

7）选择要发送的G代码文件。

8）按＜Enter＞键，系统提示"正在和接收数据的NC装置联络"。

9）联络成功后开始传输文件，上位计算机上有进度条显示传输文件的进度，并提示"请稍等，正在通过串口发送文件"，要退出请按"Alt + E"。HNC-21M系统的命令行提示"正在接收串口文件"。

10）传输完毕，上位计算机上弹出对话框，提示"文件发送完毕"，HNC-21M系统的命令行提示"接收串口文件完毕"。

3. 任务评价

CAXA软件应用任务评价见表7-2。

表7-2　CAXA软件应用任务评价表

班级		学号		姓名	
检测项目	要求	配分	评分标准	检测结果	得分
建模	能熟练建立三维模型	20分	不能建立三维模型扣10分		
	能建立平面轮廓线		不能建立平面轮廓线扣10分		
加工	正确选择加工方式	20分	选择加工方式不合理扣10分		
	正确设置参数		参数设置不正确扣10分		
仿真	会使用仿真	20分	不会使用仿真扣10分		
	会用仿真检查刀轨		不会用仿真检查刀轨扣10分		

（续）

班级		学号		姓名	
检测项目	要求	配分	评分标准	检测结果	得分
生成程序	能够正确设置机床后置	20 分	机床后置设置不正确扣 10 分		
修改程序	会自动生成 G 代码		不会自动生成 G 代码扣 10 分		
与机床通信	正确连接机床与计算机接口	20 分	机床与计算机接口连接不正确扣 10 分		
	会使用通信软件进行通信，能够完成程序传输		不会使用通信软件进行通信，无法完成程序传输扣 10 分		
总评分		100	总得分		

五、知识拓展

　　Mastercam 是一个功能很强的计算机辅助制造软件，可用于绘制二维、三维几何图形；生成不规则三维图形的拟合曲面；采用图形交互自动编程的方法，快速计算出最佳刀具轨迹；设置某些参数后，自动生成数控加工程序；在通信模块的支持下，将数控加工程序传送给数控系统，以驱动数控机床完成加工过程。此软件还具有动态模拟、跟踪加工过程的能力，并可估算出加工周期。

六、综合练习

　　用 CAXA 自动编程软件编制如图 7-45 所示零件的加工程序，并完成零件的加工。

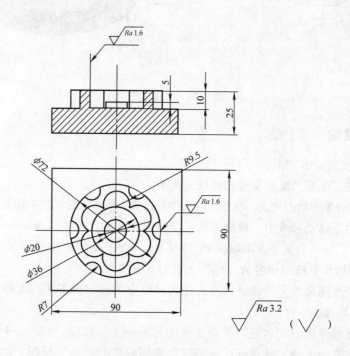

图 7-45　自动编程练习零件图

任务二　仿真加工

一、学习目标

1）了解数控仿真软件的功能。

2）能正确进行仿真软件的基本操作。

二、任务分析

用宇龙软件模拟如图 7-46 所示零件加工的全过程（给出加工界面）。

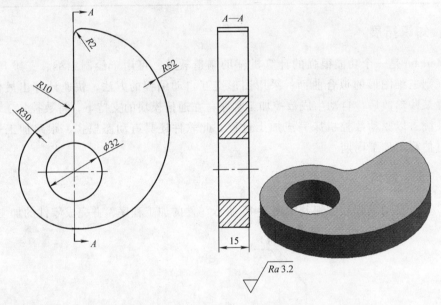

图 7-46　仿真零件

三、相关理论

宇龙软件的安装步骤如下：

1）将数控加工仿真系统的安装光盘放入光驱。

2）在资源管理器中单击光盘，在显示的文件夹目录中单击"数控加工仿真系统"文件夹。

3）在弹出的下级子目录中，根据操作系统选择适当的文件夹（Windows 2000 操作系统选择名为"2000"的文件夹；Windows 98 和 Windows me 操作系统选择名为"9x"的文件夹；Windows XP 操作系统选择名为"xp"的文件夹）。

4）单击打开所选文件夹，在显示的文件名目录中单击"SETUP"图标，系统弹出如图 7-47 所示的安装界面。

5）在系统接着弹出的"欢迎"界面中单击"下一个"按钮，如图 7-48 所示。

6）在系统接着弹出的"软件许可证协议"界面中单击"是"按钮，如图 7-49 所示。

7）此时系统弹出"选择目标位置"界面，如图 7-50 所示。在"目标文件夹"中单击

"浏览"按钮，选择要安装的目标文件夹，默认的是"C：\ Programme Files \ 数控加工仿真系统"。目标文件夹选择完成后，单击"下一个"按钮。

图7-47　安装界面

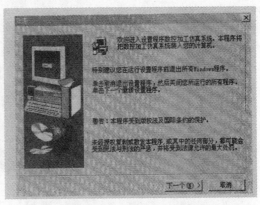

图7-48　"欢迎"界面

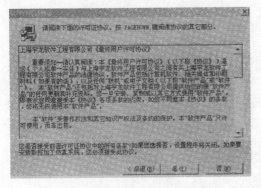

图7-49　"软件许可证协议"界面

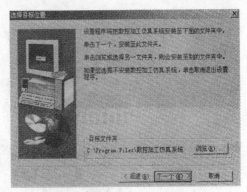

图7-50　"选择目标位置"界面

8）此时系统弹出"设置类型"界面，根据需要选择"教师机"或"学生机"，选择完成后单击"下一个"按钮，如图7-51所示。

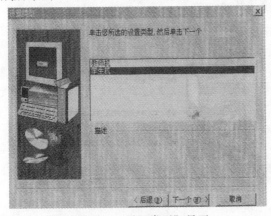

图7-51　"设置类型"界面

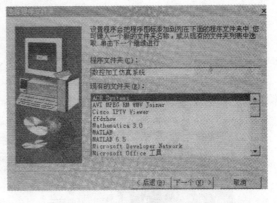

图7-52　"选择程序文件夹"界面

9）接着系统弹出"选择程序文件夹"界面，默认程序文件夹名为"数控加工仿真系统"，可以在"程序文件夹"的文本框中进行修改，也可以在"现有的文件夹"中进行选择，如图7-52所示。选择程序文件夹完成后，单击"下一个"按钮。

10）此时弹出数控加工仿真系统的安装进度界面，如图 7-53 所示。

11）安装完成后，系统弹出"设置完成"界面，单击"结束"按钮，完成整个安装过程，如图 7-54 所示。

图 7-53　安装进度界面

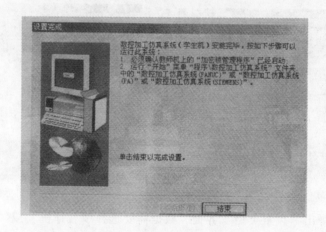

图 7-54　"设置完成"界面

四、操作实践

1. 宇龙软件的进入

1）单击"开始"按钮，在"程序"菜单中弹出"数控加工仿真系统"子菜单，在接着弹出的下级子菜单中单击"加密锁管理程序"，如图 7-55 所示。

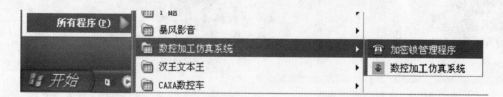

图 7-55　进入系统

2）加密锁程序启动后，屏幕右下方工具栏中将出现图标，此时重复上面的步骤，在弹出的目录中单击"数控加工仿真系统",系统弹出"用户登录"界面,如图 7-56 所示。

3)单击"快速登录"按钮,或者输入用户名和密码后单击"登录"按钮,进入数控加工仿真系统。

2. 选择机床类型

1)打开菜单"机床"→"选择机床"(图 7-57),或者单击工具栏中的 图标,在"选择机床"对话框中,在"机床类型"中选择相应的机床,在"厂家及型号"在下拉列表中选择相应的型号,按"确定"按钮,此时界面如图 7-58 所示。

图 7-56　"用户登录"界面

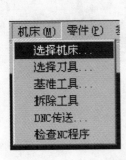

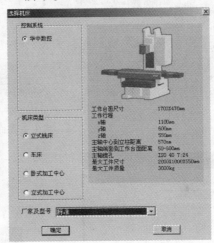

图 7-57　机床选择

2)单击"视图"选项,出现如图 7-59 所示的对话框,将"显示机床罩子"前面的"√"关闭,单击"确定"。

3. 激活机床

检查急停按钮是否松开至 状态,若未松开,旋转急停按钮将其松开。

4. 机床回参考点

1)检查操作面板上的回零指示灯是否亮,若指示灯亮,说明已进入回零模式;若指示灯不亮,则单击 回零 按钮,使回零指示灯亮,进入回零模式。

2)在回零模式下,单击控制面板上的 +X 按钮,此时 X 轴将回零,CRT 上的 X 坐标变为"0.000"。同样,分别单击 +Y 、 +Z ,将 Y、Z 轴回零。此时 CRT 界面如图 7-60 所示。

5. 定义毛坯

1)名字输入。打开菜单"零件"→"定义毛坯"或在工具栏中选择 图标,系统打开如图 7-61 所示的对话框。在"名字"输入框内输入毛坯名，也可以使用默认值。

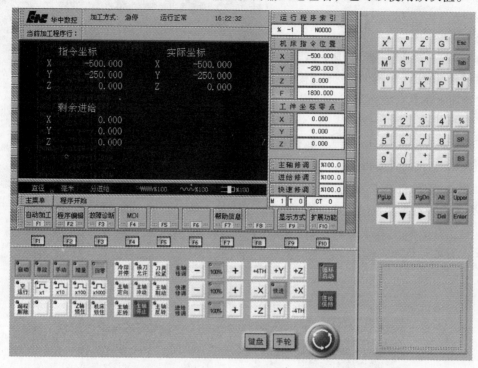

图 7-58　华中主界面

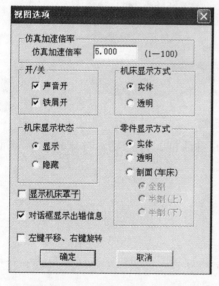

图 7-59　"视图选项"对话框

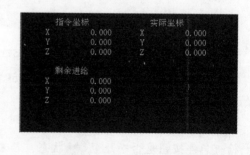

图 7-60　机床回零

2）选择毛坯形状。铣床、加工中心有两种形状的毛坯供选择：长方形毛坯和圆柱形毛坯，可以在"形状"下拉列表中选择毛坯形状。此例中选择圆柱形毛坯。

3）选择毛坯材料。毛坯材料下拉列表中提供了多种供加工的毛坯材料，可根据需要在其中选择毛坯材料。本例选择"ZL412 铝"。

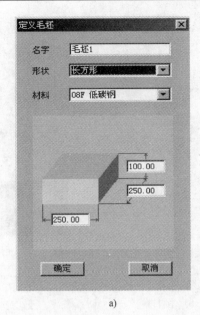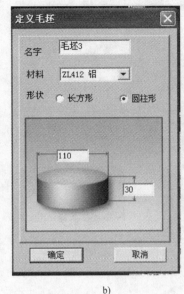

a)　　　　　　　　　　　　　　　　b)

图 7-61　定义毛坯

a) 长方形毛坯定义　b) 圆柱形毛坯定义

4) 参数输入。尺寸输入框用于输入尺寸。圆柱形毛坯直径的范围为 10~160mm，高的范围为 10~280mm，此例直径为 110mm，高度为 30mm；长方形毛坯长和宽的范围为 10~1000mm，高的范围为 10~200mm。

5) 退出。按"确定"按钮，保存定义的毛坯后退出本操作；或者按"取消"按钮退出本操作。

6. 安装夹具

1) 打开菜单"零件"→"安装夹具"，或者在工具栏中选择 图标，系统将弹出"选择夹具"对话框。只有铣床和加工中心可以安装夹具。

2) 在"选择零件"下拉列表中选择毛坯，在"选择夹具"下拉列表中选择夹具。长方形零件可以使用工艺板或平口钳装夹，分别如图 7-62a 和图 7-62b 所示；圆柱形零件可以选择工艺板或卡盘（图 7-63）装夹。

3) "夹具尺寸"文本框仅供用户修改工艺板的尺寸，平口钳和卡盘的尺寸由系统根据毛坯尺寸给出定值。工艺板长和宽的范围为 50~1000mm，高的范围为 10~100mm。

4) "移动"区中的按钮用于调整毛坯在夹具上的位置。

此例中选择卡盘作为夹具。

7. 放置零件

1) 选择零件。打开菜单"零件"→"放置零件"，或者在工具栏中选择 图标，系统弹出"选择零件"对话框，如图 7-64 所示。在列表中单击所需零件，选中零件的信息将加亮显示。单击"确定"按钮，系统自动关闭对话框，零件和夹具（如果已经选择了夹具）将被放到机床上。

2) 调整零件位置。零件放置好后可以在工作台面上移动。毛坯放上工作台后，系统将

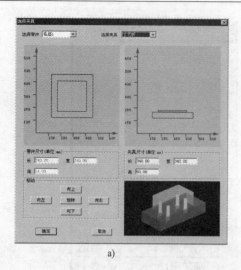 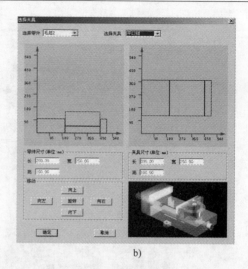

a)   b)

图 7-62 长方形零件夹具选择

a) 工艺板 b) 平口钳

自动弹出一个小键盘（图 7-65），通过小键盘上的方向按钮，可以实现零件的平移和旋转；小键盘上的"退出"按钮用于关闭小键盘。选择菜单"零件"→"移动零件"也可以打开小键盘。

8. 选择刀具

1）打开菜单"机床"→"选择刀具"，或者在工具栏中选择 ⚒ 图标，系统弹出"选择铣刀"对话框。被选中刀位编号的背景颜色变为蓝色，如图 7-66 所示。操作者可以按需要输入刀柄参数（直径和长度）。总长度是刀柄长度与刀具长度之和；刀柄直径的范围为 0～1000mm，刀柄长度的范围也为 0～1000mm。

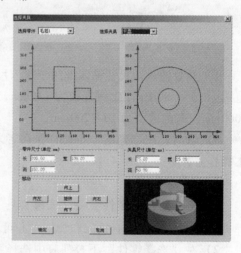

图 7-63 卡盘

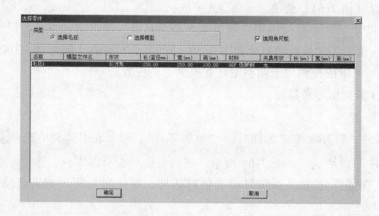

图 7-64 "选择零件"对话框

图 7-65 调整零件位置

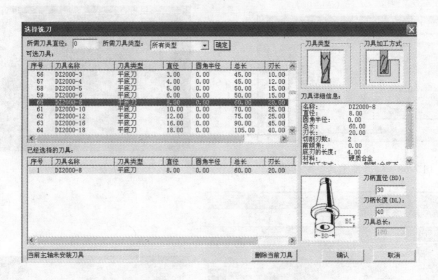

图 7-66 "选择铣刀"对话框

2）按"确定"后，机床主轴上会显示刀具，如图 7-67 所示。

9. 对刀操作

数控程序一般按工件坐标系编程，对刀的过程就是建立工件坐标系与机床坐标系之间关系的过程。

下面介绍立式加工中心的对刀方法，假定将工件上表面中心点设为工件坐标系原点。

（1）X、Y 轴对刀 一般铣床及加工中心在 X、Y 方向对刀时，使用的基准工具为刚性靠棒或寻边器。单击菜单"机床"→"基准工具"，在弹出的"基准工具"对话框中，左边的是刚性靠棒，右边的是寻边器，如图 7-68 所示。

1）刚性靠棒。刚性靠棒通过检查塞尺松紧的方式对刀，具体过程如下（以将零件放置在基准工具的左侧）：

① X轴对刀。

● 单击操作面板上的 _{手动} 按钮，切换到手动方式。

● 借助"视图"菜单中的动态旋转、动态缩放、动态平移等工具，利用操作面板上的 -X 、 +X 、 -Y 、 +Y 、 -Z 、 +Z 按钮，将机床大致移动到如图 7-69 所示的位置。

● 采用点动方式移动机床，单击菜单"塞尺检查/1mm"，使操作面板上的 _{增量} 按钮亮起，通过 x1 x10 x100 x1000 调节操作面板上的倍率。移动靠棒，使"提示信息"对话框显示"塞尺检查的结果：合适"，如图 7-70 所示。其中，x1 x10 x100 x1000 表示点动倍率，分别代表 0.001mm、0.01mm、0.1mm 和 1mm。

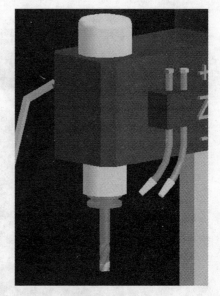

图 7-67　安装刀具

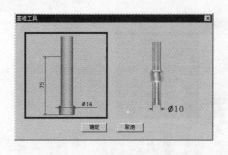

图 7-68　"基准工具"对话框

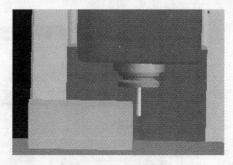

图 7-69　对刀过程

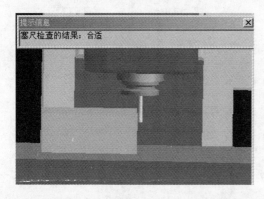

图 7-70　塞尺检查

也可以采用手轮方式，单击菜单"塞尺检查/1mm"，单击 _{手轮} 按钮，显示手轮，用 旋钮和手轮移动量旋钮 调节手轮 。使"提示信息"对话框显示"塞尺检查的结果：

合适"。

● 记下塞尺检查结果为"合适"时 CRT 界面上的 X 坐标值，此为基准工具中心的 X 坐标，记为 X_1；将定义毛坯数据时设定的零件长度记为 X_2；将塞尺厚度记为 X_3；将基准工件直径记为 X_4（可在选择基准工具时读出）。则工件上表面中心的 X 坐标（记为 X）为基准工具中心的 X 的坐标 − 零件长度的一半 − 塞尺厚度 − 基准工具半径，即

$$X = X_1 - \frac{X_2}{2} - X_3 - \frac{X_4}{2}$$

②　Y 轴对刀。采用同样的方法对刀，得到工件中心的 Y 坐标，记为 Y。

注意：使用点动方式移动机床时，手轮的选择旋钮 应置于"OFF"。

完成 X、Y 轴的对刀后，单击菜单"塞尺检查"→"收回塞尺"将塞尺收回；单击操作面板上的 按钮切换到手动方式；然后利用操作面板上的 +Z 按钮，将 Z 轴提起，再单击菜单"机床"→"拆除工具"拆除基准工具。

注意：塞尺有多种规格，可以根据需要选用。本系统提供的塞尺规格有 0.05mm、0.1mm、0.2mm、1mm、2mm、3mm 和 100mm（量块）。

2）寻边器对刀。寻边器由固定端和测量端两部分组成。固定端由刀具夹头夹持在机床主轴上，其中心线与主轴轴线重合。测量时，主轴以 400r/min 的转速旋转。通过手动方式使寻边器向工件基准面移动靠近，让测量端接触基准面。在测量端未接触工件时，固定端与测量端的中心线不重合，两者呈偏心状态；当测量端与工件接触后，偏心距减小，这时使用点动方式或手轮方式微调进给，寻边器继续向工件移动，偏心距逐渐减小；在测量端和固定端中心线重合的瞬间，测量端会明显地偏出，出现明显的偏心状态。这时，主轴中心位置与工件基准面的距离等于测量端的半径。

①　X 轴方向对刀。

● 单击操作面板上的 按钮，切换到手动方式。

● 借助"视图"菜单中的动态旋转、动态放缩、动态平移等工具，利用操作面板上的 +X、+Y、+Z 按钮，将机床大致移动到如图 7-69 所示的位置。

● 在手动状态下，单击操作面板上的 或 按钮，使主轴转动。未与工件接触时，寻边器测量端会大幅度晃动。

● 移动到大致位置后，可采用增量方式移动机床，使操作面板上的 按钮亮起，通过 调节操作面板上的倍率。单击 -X 按钮，使寻边器测量端的晃动幅度逐渐减小，直至固定端与测量端的中心线重合为止，如图 7-71 所示。若此时再进行增量或手轮方式的小幅度进给，则寻边器的测量端将突然大幅度偏移，如图 7-72 所示，即认为此时寻边器与工件恰好吻合。

也可以采用手轮方式，单击 按钮，显示手轮，通过选择旋钮 和手轮移动量旋钮 调节手轮 。使寻边器晃动幅度逐渐减小，直至几乎不晃动，若此时再进行增量或手轮方式的小幅度进给，则寻边器将突然大幅度偏移，即认为此时寻边器与工件恰好吻合。

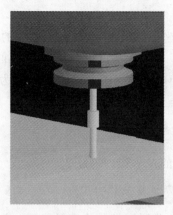

图 7-71 寻边器对刀

图 7-72 对刀合适

• 记下寻边器与工件恰好吻合时 CRT 界面上的 X 坐标，此为基准工具中心的 X 坐标，记为 X_1；将定义毛坯数据时设定的零件长度记为 X_2；将基准工件直径记为 X_3（可在选择基准工具时读出）。则工件上表面中心的 X 坐标（记为 X）为基准工具中心的 X 坐标－零件长度的一半－基准工具半径，即

$$X = X_1 - \frac{X_2}{2} - \frac{X_3}{2}$$

② Y 轴对刀。采用同样的方法，得到工件中心的 Y 坐标，记为 Y。

完成 X、Y 方向对刀后，单击操作面板上的 手动 按钮，切换到手动方式；利用操作面板上的 +z 按钮，将 Z 轴提起，再单击菜单"机床"→"拆除工具"拆除基准工具。

（2）Z 轴对刀 铣床对 Z 轴对刀时，采用的是实际加工时所要使用的刀具进行试切对刀；对于已加工过的表面，可以采用塞尺检查法和 Z 轴设定器来对刀。

1）塞尺检查法对刀。

① 单击菜单"机床"→"选择刀具"或单击工具栏中的 图标，选择所需刀具。

② 单击操作面板上的 手动 按钮，切换到手动方式。

③ 借助"视图"菜单中的动态旋转、动态缩放、动态平移等工具，利用操作面板上的 -x 、 +x 、 -Y 、 +Y 、 -z 、 +z 按钮，将机床移动到如图 7-73 所示的大致位置。

④ 按类似于在 X、Y 轴对刀的方法进行塞尺检查，得到系统提示"塞尺检查的结果：合适"时的 Z 坐标，记为 Z_1，如图 7-74 所示。则工件中心的 Z 坐标等于 Z_1－塞尺厚度。

2）试切法对刀。

① 单击菜单"机床"→"选择刀具"或单击工具栏中的 图标，选择所需刀具。

② 单击操作面板上的 手动 按钮，切换到手动方式。

③ 借助"视图"菜单中的动态旋转、动态缩放、动态平移等工具，利用操作面板上的 -x 、 +x 、 -Y 、 +Y 、

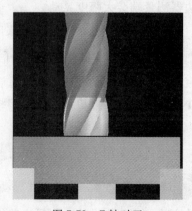

图 7-73 Z 轴对刀

-z 、+z 按钮，将机床移动到如图 7-73 所
示的大致位置。

④　打开菜单"视图"→"选项"中
的"声音开"和"铁屑开"选项。

⑤　单击操作面板上的 主轴反转 或 主轴正转 按钮，
使主轴转动；单击 -z 或 +z 按钮移动 Z 轴，
切削零件的声音刚响起时停止，使铣刀将
零件切削去一小部分，记下此时的 Z 坐标
（记为 Z），此为工件表面一点处的 Z 坐标值。

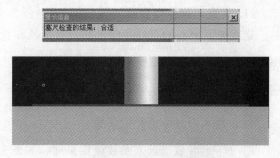

图 7-74　Z 向塞尺检查

将工件上的其他点设为工件坐标系原点的方法与上面所讲类似。

10. 坐标系参数设置

通过对刀得到的坐标值（X，Y，Z）即为工件坐标系原点在机床坐标系中的坐标值，
将此值设置在 G54 坐标系中的步骤如下：

1）按 MDI F4 软键，进入 MDI 参数设置界面。

2）在弹出的下级子菜单中按 坐标系 F3 软键，进入自动
坐标系设置界面，如图 7-75 所示。

3）用 PgUp 或 PgDn 键选择自动坐标系 G54 ~ G59、当前工
件坐标系和当前相对值零点。

图 7-75　自动坐标系设置界面

4）在控制面板的 MDI 键盘上按字母和数字键，输入地址字（X，Y，Z）和通过对刀得
到的工件坐标系原点在机床坐标系中的坐标值。设通过对刀得到的工件坐标系原点在机床坐
标系中的坐标值为（ - 499.251， - 414.133， - 159.317），需采用 G54 编程，则在自动坐
标系 G54 下输入"X - 499.251　Y - 414.133.148　Z - 159.317"。

5）按 Enter 键，将输入区中的内容输入指定坐标系中。此时，CRT 界面上的坐标值将发生
变化，如图 7-76 所示。如要修改输入区中的内容，可按 BS 键逐字删除内容。

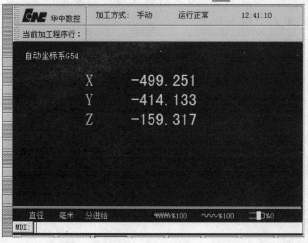

图 7-76　输入数值

11. 设置刀具补偿参数

立式加工中心的刀具补偿包括刀具半径和长度补偿，补偿参数在刀具表中设定，可在数控程序中调用。在起始界面中按 MDI F4 软键，进入 MDI 参数设置界面，此时，在弹出的下级子菜单中可见“刀具表”软键 刀具表 F2 。

（1）输入刀具半径补偿参数

1）按 刀具表 F2 软键进入参数设定页面，如图 7-77 所示。

2）用 ▲ ▼ ◀ ▶ 及 PgUp PgDn 键，将光标移到对应刀号的半径栏中，按 Enter 键后，可以在此栏中输入字符，也可以通过控制面板上的 MDI 键盘根据需要输入刀具半径补偿值。

3）修改完毕后按 Enter 键确认，或按 Esc 键取消，如图 7-78 所示。

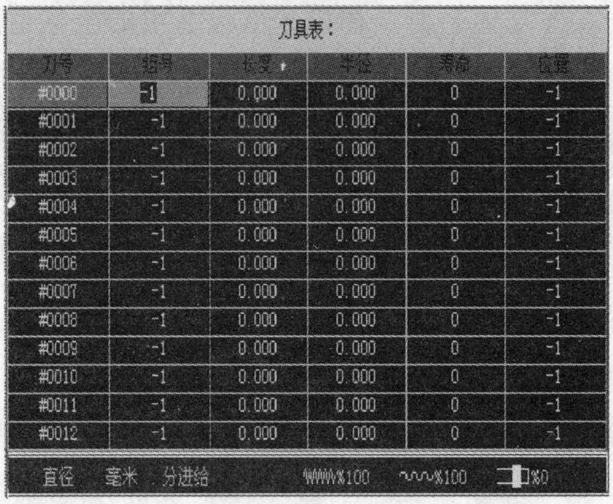

刀号	组号	长度	半径	寿命	位置
#0000	-1	0.000	0.000	0	-1
#0001	-1	0.000	0.000	0	-1
#0002	-1	0.000	0.000	0	-1
#0003	-1	0.000	0.000	0	-1
#0004	-1	0.000	0.000	0	-1
#0005	-1	0.000	0.000	0	-1
#0006	-1	0.000	0.000	0	-1
#0007	-1	0.000	0.000	0	-1
#0008	-1	0.000	0.000	0	-1
#0009	-1	0.000	0.000	0	-1
#0010	-1	0.000	0.000	0	-1
#0011	-1	0.000	0.000	0	-1
#0012	-1	0.000	0.000	0	-1

图 7-77 刀具半径补偿界面

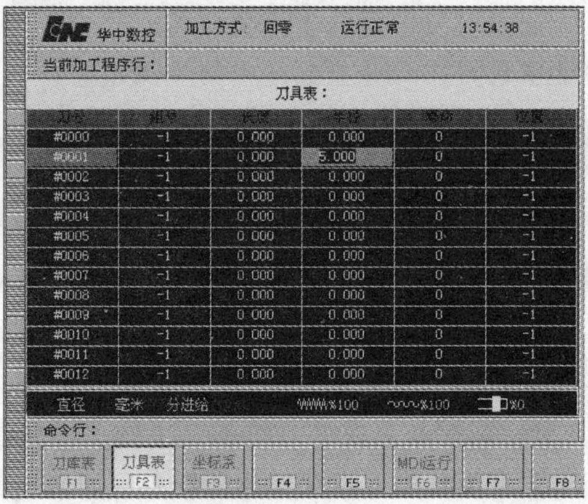

刀号	组号	长度	半径	寿命	位置
#0000	-1	0.000	0.000	0	-1
#0001	-1	0.000	5.000	0	-1
#0002	-1	0.000	0.000	0	-1
#0003	-1	0.000	0.000	0	-1
#0004	-1	0.000	0.000	0	-1
#0005	-1	0.000	0.000	0	-1
#0006	-1	0.000	0.000	0	-1
#0007	-1	0.000	0.000	0	-1
#0008	-1	0.000	0.000	0	-1
#0009	-1	0.000	0.000	0	-1
#0010	-1	0.000	0.000	0	-1
#0011	-1	0.000	0.000	0	-1
#0012	-1	0.000	0.000	0	-1

图 7-78 输入半径补偿值

（2）输入刀具长度补偿参数　按需要在刀具表中输入长度补偿参数，其输入方法与输入半径补偿参数相同。

注意：可在刀具表的#0001 行至#0024 行输入有效的刀具补偿参数；#0000 行表示取消参数，因此不能在#0000 行中输入数据。

12. 导入数控加工程序

数控加工程序如下：

```
%
O1002
G54
G90   G00   X0   Y0
Z100
M03   S600
G00   X0   Y-80   Z5
G01   Z0   F100
M98   P50500
```

```
G01    Z5
G00    Z100
M05
M30
%
O0500
G91    G01    Z - 3    F100
G90    G41    G01    X15    Y - 65    D01    F100
G03    X0    Y - 50    R15
G02    X - 7.5    Y9.05    R30
G03    X0    Y18.73    R10
G01    Y43.22
G02    X6.81    Y47.88    R5
G02    X16.22    Y - 45.24    R54.5
G02    X0    Y - 50    R30
G03    X - 15    Y - 65    R15
G40    G00    X0    Y - 80
M99
```

数控程序的导入步骤如下：

1）按 自动加工 F1 软键，在弹出的下级子菜单中按 程序选择 F1 软键，弹出下级子菜单"磁盘程序：正在编辑的程序"，按"F1"软键或用方位键 ▲、▼ 将光标移到"磁盘程序"上，再按 Enter 确认，即选择了"磁盘程序"。

2）在对话框中选择所需要的程序，单击控制面板上的 Tab 键，使光标在各文本框和命令按钮间进行切换。

3）将光标聚焦在"文件类型"文本框中，单击 ▼ 按钮，可在弹出的下拉列表中通过 ▲ 或 ▼ 按钮选择所需的文件类型，也可按 Enter 键输入所需的文件类型；将光标聚焦在"搜寻"文本框中，单击 ▼ 按钮，可在弹出的下拉列表中选择所需搜寻的磁盘范围，此时文件名下拉列表中显示所有符合磁盘范围和文件类型的文件名。

4）将光标聚焦在"文件名"下拉列表中时，可通过 ▲ ▼ ◄ ► 按钮选择所需程序，再按 Enter 键确认所选程序；也可将光标聚焦在"文件名"文本框中，按 Esc 键输入所需文件名，再按 Enter 键确认所选程序。

5）程序导入后将显示在 CRT 上，如图 7-79 所示。

13. 自动加工

1）检查机床是否回零，若未回零，应先将机床回零。

2）检查控制面板上的 自动 按钮指示灯是否变亮，若未变亮，单击 自动 按钮，使其指示灯变亮，进入自动加工模式。

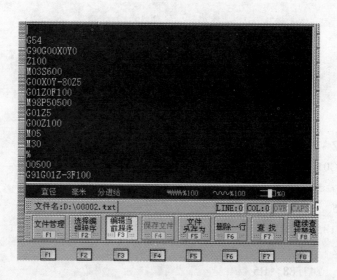

图 7-79　程序导入

3）按 自动加工 F1 软键，切换到自动加工状态。在弹出的下级子菜单中按 程序选择 F1 软键，选择磁盘程序或正在编辑的程序，在弹出的对话框中选择需要的数控加工程序。单击 循环启动 按钮，即开始进行自动仿真加工，如图 7-80 所示。

4）凸轮轮廓精加工。将刀补参数 D01 改为刀具标准半径值（方法同上），加工过程同上，重新调用程序。加工完毕后的零件如图 7-81 所示。

图 7-80　仿真加工

图 7-81　仿真结果

14. 检测已加工凸轮零件

单击菜单栏中的"测量"按钮，选择"剖面图测量"，进入测量窗口，测量工具选"外卡"，测量方式选"自由放置"，测量平面选"X－Y"。手动调整测量工具图标，进行凸轮轮廓的检测，如图 7-82 所示。

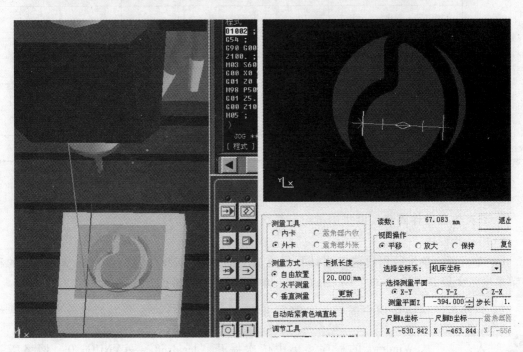

图 7-82 零件检测

至此完成了凸轮零件的仿真加工操作。

15. 任务评价

凸轮零件仿真加工任务评价见表 7-3。

表 7-3 凸轮零件仿真加工任务评价表

班级		学号		姓名	
检测项目	要求	配分	评分标准	检测结果	得分
仿真软件的使用	会安装仿真软件	20	不会安装仿真软件扣10分		
	会使用仿真软件		不会使用仿真软件扣10分		
仿真加工	熟练操作宇龙仿真软件的相关按钮	5	操作不熟练全扣		
	建立新程序并输入程序	5	不会建立新程序名并录入程序全扣		
	毛坯设定合理	5	毛坯设定不合理全扣		
	刀具选择和安装正确	5	刀具选择和安装不正确全扣		
	装夹定位正确	5	装夹定位不正确全扣		
	对刀准确	5	对刀不准确全扣		
	坐标系设定正确	10	坐标系设定不正确全扣		

（续）

班级		学号		姓名	
检测项目	要求	配分	评分标准	检测结果	得分
仿真加工	刀补参数输入正确	5	刀补参数输入不正确全扣		
	能够导入程序	10	不能导入程序全扣		
	完成自动加工	10	不能完成自动加工全扣		
	正确进行检测	10	测量不正确全扣		
	修改刀补进行精加工	5	不会修改刀补进行精加工全扣		
	总评分	100	总得分		

五、知识拓展

1. 菲克仿真软件简介（以华中世纪星系统为例）

（1）打开程序

1）单机版。单机版用户请双击计算机桌面上的 VNUC3.0 图标，或者从 Windows 的程序菜单中依次展开"legalsoft"→VNUC3.0→单机版→VNUC3.0 单机版；

2）网络版。网络版用户需要先打开服务器，然后在客户端的桌面上双击图标进入；或者从 Windows 的程序菜单中依次展开"legalsoft"→VNUC3.0→网络版→VNUC3.0 网络版。

网络版用户执行上述操作后会出现如图 7-83 所示的登录窗口，输入用户名和密码后按"登录"键。

图 7-83　登录窗口

（2）选择机床　进入系统界面后，从软件主菜单的"选项"中选择"选择机床和系统"，进入"选择机床"对话框，选择华中世纪星型 3 轴立式铣床，如图 7-84 所示。

（3）操作软件

图 7-84　选择机床

1）机床回零点。单击 ▓▓ 按钮使机床处于回零状态，此时回零指示灯变亮；单击坐标轴控制按钮，使其分别处于 +X、+Y、+Z 按钮，此时机床指令 X、Y、Z 分别回零，液晶显示屏显示内容如图 7-85 所示。

图 7-85　程序输入

2）其余操作与宇龙仿真软件基本相同，也包括安装工件、刀具选择与安装、对刀与建立工件坐标系、刀补参数设置、上传 NC 语言、自动加工和检测等环节，此处不再赘述。

2. VERICUT 仿真软件介绍

VERICUT 仿真软件（图 7-86）是当前全球数控加工程序校验、机床模拟、工艺优化软件领域的领先者，被广泛应用于三轴及多轴实际生产中。VERICUT 仿真软件采用了先进的三维显示及虚拟现实技术，可以验证和检测 NC 程序可能存在的碰撞、干涉、过切、欠切、切削参数不合理等问题。同时在教学中，利用该软件的定量检测及分析功能，可评判学生确定工艺方案的合理性，以达到了解学生对所学知识和技能掌握情况的目的。它可在 UNIX、Windows NT/95/98/2000 系统中使用。本软件有五大主要功能：仿真、验证、分析、优化和模型输出。

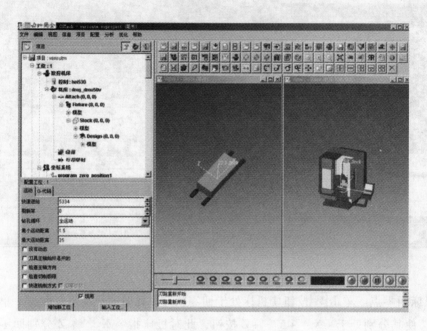

图 7-86　VERICUT 仿真软件主界面

VERICUT 仿真软件的优点如下：

1）使用 VERICUT 软件进行仿真加工，可检验加工程序的正确性，保证无碰撞、干涉等现象。如发现实际加工零件不合格，应检查机床操作者的操作过程和数控机加工艺是否合理。如操作者选用刀具错误、零件装夹不正确、编程零点与实际零件基准未精确找正、机床切削参数（F、S）有所变动等。

2）可以在短时间内反复比较多种加工方法（应用各种三轴、四轴、五轴机床，各种走刀路径，进给精度等）的优劣，以找到或优化出一个适合客户目前生产要素（机床、刀具、工装、夹具、人员素质）的最佳加工方案，这对新产品的开发和试验尤为重要。

3）可省去真实机床程序试切、验证过程，并可节约大量昂贵的试切材料，缩短产品加工周期。

4）可以优化 CAD/CAM 软件给出的加工程序，达到始终保持最佳切削模式的目的。不但缩短了零件的加工时间，降低了成本，而且延长了机床及刀具的使用寿命。

5）可以在短时间内对初学者进行数控编程培训。因为在计算机上进行编程及加工仿真，不需要在实际机床上进行试切，所以成本低，并且可以将同一类加工零件在计算机上用不同的加工机床进行仿真切削加工，以评定其可行性、合理性和经济性。

六、综合练习

1. 简述宇龙仿真软件的基本操作步骤。

2. 编写如图 7-87 所示零件的加工程序，并用宇龙仿真软件进行仿真加工。

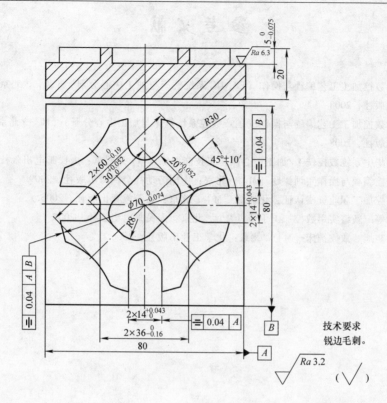

图 7-87　仿真加工练习零件图

参 考 文 献

［1］ 徐国权．数控加工工艺编程与操作（FANUC 系统铣床与加工中心分册）［M］．北京：中国劳动社会保障出版社，2008.

［2］ 王增杰．数控加工工艺编程与操作（国产数控系统铣床与加工中心分册）［M］．北京：中国劳动社会保障出版社，2008.

［3］ 王增杰．华中系统数控铣工/加工中心操作工技能训练［M］．北京：人民邮电出版社，2010.

［4］ 赵刚．数控编程与操作实训课题［M］．北京：中国劳动社会保障出版社，2009.

［5］ 熊熙．数控加工职业资格认证强化训练［M］．北京：高等教育出版社，2005.

［6］ 蔡汉明，等．新编实用数控加工手册［M］．北京：人民邮电出版社，2008.

［7］ 徐衡，段晓旭．数控铣床［M］．北京：化学工业出版社，2006.